未来のための
電力自由化史

西村　陽
戸田直樹
穴山悌三

目次

プロローグ

未来のための電力自由化史

執筆　西村　陽

この本の元となった電気新聞紙上の連載が始まった2021年は、わが国の電力自由化スタートである卸発電市場自由化が本格的に始まった1996年から25年、00年の小売り自由化からは約20年の年であった。さらに言えば東日本大震災から10年という見方もできる。その間、日本の電力自由化は、海外のほとんどの国でそうであるように様々に揺れ、場合によって迷走しながら時を刻んできた。

電力自由化は発電・送電・配電・小売りという垂直統合・独占・規制の事業モデルを、競争領域である発電や小売りと非競争領域であるネットワーク（送電・系統運用、配電）に分け、競争領域では場合によって段階的に参入自由化し、価格規制を外す（市場にゆだねる）ことで進められ、理論的には効率化や消費者の利益を生む。

しかし、市場支配力を持つ事業者には競争行動にかかわる規制が以前とは違う形でかけられる上、新しいプレーヤーにとっても参入は自由になったにせよ、様々なルールによって常に規制が課される。それらが不十分だと電力システム全体が不安定化や崩壊に進むことは、世界で共通している。われわれが目の当たりにしてきたカリフォルニアをはじめとする自由化の仕組みがもたらす厄災は、まさに規制の不全によるものであった。

従って一連の構造変化は「規制改革」という言葉の方がふさわしいが、この連載では当時の電力業界にとってなじみが深く、時代の変遷がより感じられる「自由化」という言葉を使うこととした。

わが国の電力自由化は90年をスタートとする欧州の自由化から遅れ、96年に発電分野の自由化（ＩＰＰ入札の導入）、00年に大口小売り自由化、その後の小売り自由化範囲拡大と電力取引市場整備、東日本大震災後の競争促進、16年の小売り全面自由化、20年の送配電分離という形で歩んできた。

その経緯の典型的な観察には、「内外価格差に端を発して自由化が進んできたが、巨大な力を持つ電力各社が頑強な抵抗勢力として立ちふさがり、それを少しずつ崩しながら前進してきた」というものと、「もともと政治的に始まった電力自由化を時に政治・規制当局と一部の新規事業者が捻じ曲げていびつな形で進み、安定供給を電力各社のボランティア精神に押しつけてきた」という対立する2つがあるが、これらはどちらも間違っており、どちらも一面では真実を含んでいる。

まず1つ目の見方については、わが国でここ30年間にとられてきた政策は、送配電の中立化と会計分離・行為規制、取引市場の創設、新規参入者の事業予見性や継続性への配慮など、世界のどの国の施策と比べても決して見劣りするものではなく、自由化の進展が緩やかだった原因は制度や電力各社の抵抗以外にあると考えるべきである。唯一の違いは欧米の自由化諸国では必ず電源の多様化・流動化が行われたのに対して、日本では電源の売却や分散化は行われず、相対と市場での電力取引を通じて新規参入者の供給能力を補強する常時バックアップや、一日前市場への余力投入という世界的には異例の形で行われた点であり、その弊害などについてはこの本で明らかにしていくこととなろう。

また2つ目の見方については、当然業界と行政の相克はあったものの、世界のどの国・地域でも電力自由化にあたっては事業者と当局の綿密な対話が行われており、日本も例外ではない。瞬時同時同量が常に要求される電気という財では、運輸や通信のような他の公益事業サービスと違い、制度の移行に際して綿密な技術的準備、プレーヤーの複数化によるルール調整、場合によっては米国のストランデッドコスト（回収不能費用）のような既存電力会社側の財務的課題まで、たくさんの対話が行われた。特に日本の場合は主に水面下の調整の結果が制度改革に反映される、というプロセスをとってきた。

ただ、2011年の東日本大震災以降はややこの関係が崩れ、特に日本の電気事業の中核をなす原子力発電の持続性確保や新規参入者の実質的優遇策についての必要なすり合わせが欠如したことも事実であり、その点の経緯と問題点についても本書の中で述べていくこととなろう。

電力自由化の経緯を正しく見ることは簡単ではなく、かつそれが起きた時点では考えていなかった影響が後になって現れたり、現在起こっている問題の原因が当時何も問題視されなかった事項だったりする、という時間軸上の難しさもある。

その上で本書は、自由化前夜から今日までの電力自由化を振り返るが、それは決して回顧のためではない。現在日本の電気事業は脱炭素を目指した再エネ大量導入下の安定供給システムの再構築、原子力の不稼働による不確実性の増大、デジタル技術導入をはじめとするイノベーションへの取り組みなど数多くの課題に直面している。それを解く鍵はこれまでの自由化の歩みを振り返り、その示唆の上に立ってより良き仕組みや電気事業経営を構築することにあるのではないか、というのが本書の問題意識であり、いわば未来のための自由化史の振り返りである。

そうした視点で自由化の歩みを幅広く、専門的知見も加えて検証するために、本書は電力制度・市場と産業組織の研究者であり、自由化の歩みにもかかわった経験を持つ長野県立大学グローバルマネジメント学部教授の穴山悌三、電力安定供給システムと環境政策、デジタル革新下の電気事業の研究の先駆者である東京電力ホールディングス経営技術戦略研究所チーフエコノミストの戸田直樹、各国電力制度と電力分野のイノベーションの研究者であり、公益事業学会電力政策研究会の企画運営を行っている大阪大学大学院招聘教授の西村陽が分担して執筆を担当する。それぞれの時代をどう見て、そこからどのような示唆を得るべきかは常に3人で議論されたが、執筆内容自体の責任はそれぞれの筆者に帰すものである。

付け加えて、この連載の意義は現在の電力制度・市場をどう修正していくかの示唆を得ることだけではない。読者にとって現在からの視点も含めて過去を分析することは、電力自由化の本質に対する良い学びともなると考えている。

第1章

自由化前夜

執筆　西村　陽

1983年 - 1995年

◆世界初の電力自由化

電気事業は、1880年前後に各国で産声を上げてからしばらく十分な発電・変電・利用技術と製品が発達せず、発展に向けて足踏みしていたが、1920年代になって電球、発電機、変圧技術、発電機の大型化といったイノベーションを経て一気に巨大産業となり、以降長期間にわたって世界各地で拡大を続けた。電気の需要が急速に伸び、設備の増強が常に必要で、生産性も上昇を続けた。

そうした電気事業の黄金期に陰りが見えたのは、実は電力自由化より前の70年代後半である。好調だった米国の産業が停滞期を迎え、電力各社の設備増強計画は投資回収リスクを抱えるようになった。78年に米国で制定されたPURPA法（公益事業規制政策法）と92年の包括エネルギー法は、電気事業者の発電独占規制を解き、卸供給事業者（IPP）からの調達を認めたもの（発電参入の自由化）であったが、これはむしろ電気事業者の不良資産リスクの回避効果もあった。

この時期、世界で初めて発電分野や小売分野の自由化・競争導入の可能性を示したのが米国の経済学者、ポール・ジョスコウとリチャード・シュマーレンシーによってＭＩＴプレスから出版された『マーケッツ・フォー・パワー』（電力の市場、83年）である。この本は産業組織としての電力を観察した上で、発電と系統運用の仕組みの本質はメリット・オーダー入札によるプールであり、新規参入を含む競争は可能であること、ボトルネック部分である送電・配電ネットワークを共用化した上で卸の自由化、小売自由化などいくつかのパターンを示した上で、どのような状況でも垂直統合・規制が効率的に優位であるとは言いきれないと論じていた。

長年わが国電力制度改革にかかわっている一橋大学の山内弘隆特任教授は当時をこう振り返る。「当時私は慶應の大学院生で、産業組織の研究者のみなさんでこの本を熱心に読んだ。電力分野では長い間価格・料金とその規制がメインテーマだったが、この時から競争が研究分野に入ってきた」

日本の電力業界でこの本を自分たちの将来と関連づけて読んだ人は、ほとんど存在しなかった。翻訳本が存在しなかったことや、そもそも海外の最新知見をウオッチする習慣が業界にあまりなかったからだ。日本の電力業界が海外に興味を持つのはこの10年後まで待たなければならなかった。

『マーケッツ・フォー・パワー』が書かれてから7年後の90年、実際に電力産業に競争を導入する国・地域が現れた。一つが英国であり、もう一つが北欧4カ国（ノルウェー、スウェーデン、フィンランド、デンマーク）で、日本にとっての情報として大きなインパクトがあったのは英国の方である。

ただし、英国電力自由化の動機も結果もジョスコウとシュマーレンシーが経済学的に描いたようなきれいなものではない。国営電力公社（中央発電電気局＋12の配電局）の解体を企画したのは自由化前まで首相だったマーガレット・サッチャーだが、彼女は英国再生のための最大の障害は労働組合だと考え、その中核である石炭労組、さらにその石炭の買い手である電力の解体が改革のために不可欠だと考えていた。そのためには組織の解体と外資への売却、その名分としての競争導入が必要と考え、単一価格による全量プール市場（競争入札によって一日前に安い電気から取引する制度）が設立された。中央発電電気局はナショナルパワーとパワージェンという火力2社と原子力専門のニュークリアエレクトリックに分割された。

だが火力2社による協調行動が価格高騰を呼び、競争が価格低下につながらなかった。

この時期の小売価格低下は規制部門である送配電のコストの規制強化、というより自由化前の規制を甘くしたことによる自由化成果の半ば捏造（ねつぞう）によるものである。

長年英国の公益事業規制を研究する野村宗訓・関西学院大学教授は「英国電力改革の大胆なチャレンジは評価したいが、所期の狙いが組合つぶしだった点と売却益を過大評価した民営化だったために、詳細な制度設計ができていなかった点から自由化が失敗したことは否めない」と語る。

英国の電力改革は、電力自由化のモデルというより国営公社の分割・民営化のモデルである。

世界のその後の電力改革にとっての不幸の一つは、この特殊な事情の国の公社民営化モデルが、世界で最初の電力自由化や競争創出のモデルとして流布してしまったことかもしれない。そのため「競争はどうあるべきか」「その時の電力システムの安定維持はどうあるべきか」という最も重要な論点が影を潜め、「発送電分離」という国営公社独特の文法が長く日本の自由化論議で中心論題になる、という事態が続くことになるのである。

◆英国から学んだこと、学ばなかったこと

　1990年代後半、世界で初めて発送電分離、競争導入をした英国の各地に、日本から多くの電力業界関係者が押し寄せ、さながら電力観光地の様相を呈した。当時大手電力会社ロンドン事務所で調査担当として働いていた阪本周一によれば「電気事業連合会、各電力会社、規制当局、学識者など日本中からありとあらゆる人が英国に来た」という。

　彼らは制度を設計した当局であるOFFER（現OFGEM）をはじめ送電・系統運用者のナショナルグリッド、イースタン、サザンエレクトリックなどの旧配電局を訪れた。そのメンバーには業界の中心人物も多く含まれ、調査は自由化の経緯、電力改革の中核であるプール市場の価格や発電入札の状況、安定供給の仕組み、配電局だった各社の状況、雇用問題など多岐にわたった。

　ただ、これらの英国訪問・調査には死角があった。「日本と英国は状況が違う」「英国の自由化は価格低下に至らず失敗しているから学ぶべきものはない」という先入観と「垂直

統合の自分たちの制度は正しい」という一種の正常化バイアスの存在である。

阪本は「確かに自由化の動機は不純だったし、発電市場も2社寡占に支配されてうまくいかなかった。ただ、評判の悪かった配電局が、自由化によってサービスが大きく向上した小売会社へ変化した実情に、日本からの見学者は誰も目を向けなかった。当時の電力各社は英国の自由化はだめだ、という証拠だけを探しに来たようだった」と述懐する。確かに国営公社の分割、外資への売却は発電・小売価格低下という意味では失敗したが、それで英国の電力体制が独占に戻ったわけでもないし、この後世界の多くの国で英国改革を修正した電力自由化が行われた。

英国の自由化は後に、全面プール市場の失敗を教訓に相対契約を重視したＮＥＴＡへ衣替えし、ネットワーク規制については設備投資が激減したプライスキャップの反省からパフォーマンス規制を入れ、レベニューキャップへと変遷している。小売市場も２０００年頃から大手6社の寡占が続き、逆に規制強化に動くなど、全体としては迷走しているが、同時に英国はそれらの自由化制度設計の示唆と次の仕組みを世界に発信している国でもある。英国と日本は確かにまったく違う条件であったが、「参考にすべき点はない」という観察は完璧なものではなかったのである。

また、英国の電力改革が国営公社の分割であり、日本のような民営企業による電気事業のケースと同じには論じられないことは既に述べたが、さらにいくつかの違いも認識しなければならない。

まず、事業効率の違いである。英国の電気発電公社（ＣＥＧＢ）は非効率な旧式の石炭火力発電所が中心で、大型発電所に千人以上の従業員がいることも珍しくなかった。これに対して、日本の電力会社は総括原価下でも石油危機時の2回の値上げの度、経営効率化努力をしていることと、一時労働問題が激しかったために従業員数の増加に神経質だったことの2つの理由から、かなりの生産性を保っていた。当時現地調査した日本の電力関係者は、発電所人員数が場合によって10倍近く違っていることに驚いたという。

次に、組織建ての違いと送電グリッドの充実である。英国はもともとナショナルグリッドという送電・系統運用公社と配電・小売を受け持つ配電局、という組織の分かれ方をしており、そのまま改革後の組織になった。おそらく現地では発電所現場以外は発送電分離になったという実感すら薄かったのではないかと思われる。また、需要の伸びが既に小さくなっていた英国では、ナショナルグリッドの送電網が十分な余裕を持ち、日本のようなくし形でもなかった。

３つ目の違いはエネルギー資源の違いであり、英国はもともと石炭資源の豊かな国であった上、この時期には北海油田・ガス田と国内パイプラインを持っていた。当時のコンバインド・サイクル・ガスタービンの登場によっていくらでも供給力は出てくるし、非効率な既存石炭発電と代替するだけで自由化メリットは期待できる。エネルギー資源がなく、ガス発電のためには巨大な冷凍設備投資による長期契約で輸入しなければならない上、発電所建設に手間と時間を必要とする日本とは大きな違いがあった。

こうした3つの日英の違いは、戦後長い間電源確保に苦しみ、系統増強に苦心してきた上、２度の石油危機でエネルギーセキュリティー上の弱みを思い知った日本の電力人にとって、決定的なものに見えたことは間違いない。「あまりに事情が違うので、英国の電力改革はまったく参考にならない。しっかりと自由化論者に説明・反論しなければ」と思ったのは無理のないことだったかもしれない。

◆もう一つの先駆者・北欧

1990年に世界初の電力自由化に踏み切った地域に北欧がある。英国の電力改革が日本で大きく取り上げられたのに対し、北欧の自由化は政治的なメッセージとは無縁に行われたために、日本ではほとんど注目されることはなかったが、その仕組みや経緯は後の日本にとっていくつかの影響や示唆がある。

もともと北欧地域には、それぞれの国の発電事業の特徴を生かすためにノーデルという電気の融通の仕組みがあった。水力発電がほとんどを占め、コストの安いノルウェー、原子力・水力に恵まれ、工業国で需要規模も大きいスウェーデン、湖沼地域が多く火力発電が中心のフィンランド、電力輸入国で小国のデンマークが、それぞれの需給安定と費用の最小化を図るための長期・短期・当日の融通を行うこの仕組みは、当時の日本の電力間で行われていた長期の相対融通や経済融通、当日の需給状況に応じた緊急融通に似ている。この仕組みで前日と当日のすべての電気を入札して価格を付け、4カ国間の系統運用と連動させたのがノルドプールである。

その特徴から、ノルドプールの仕組みは系統運用部門はじめ日本の電力の仕組みをよく知っている者にとっては比較的理解しやすいものであったが、一方で米国や日本で通常とられている電力市場と運用の仕組みと比べると、決定的な違いがいくつか存在する。

１つは、豊富な水力資源を持つこの地域では、各国が苦労している需給調整市場の設定と調整力確保の課題がほとんど存在しない。例えばこの地域は現在でも蓄電池の存在価値が、ほとんどないことがその象徴と言える。

２つ目は、極端な地点別託送料金制度をとり、託送料金水準で工場等の誘導を行っている点である。経済学的な考え方として間違っていないが、現実には世界のほとんどの国はそうした施策は行っていない。

３つ目は契約上、電力需要家が使用計画をあらかじめ時間ごとに確定しておく仕組みで、節電や操業停止によって電気を売り戻すことができる。今日の日本のデマンド・レスポンスで使用想定をベースラインとし、そこからの削減量を取引するのとは全く違う仕組みである。

このため北欧の自由化は90年代にはほとんど日本に影響を与えなかったが、東日本大震災以降の電力システム改革では地点別託送料金などが論点として登場してくるのである。

◆初期自由化からの示唆

1990年代、英国の自由化に始まり、欧州ではEU指令に対応した小売自由化への準備が進められていた。そして90年代末にはドイツで劇的な小売競争が始まり、8大電力はあっという間に合従連衡によって4大電力となり、米国でも自由化を控えて小売・発電部門を売却する電力会社、より広域に事業展開しようとする電力会社が現れた。

そうした場に調査に出掛けた日本の電力業界の多くは、「参考にすべき点はない」という証拠だけを探しに行った感があったが、全員がそうだったわけではない。当時関西電力企画室の戦略グループ担当部長だった井村正明はこう振り返る。

「部下たちと手分けして欧州・米国をかなり丁寧に回り、ヒアリングを重ねた。財務データも含めて丁寧に見ると、自由化というルールの変更の中で株主を意識した経営へと事業者が確実に変わり、いわゆるバリューチェーンごとに分かれた事業者が自分たちの中核能力（コア・ケーパビリティ）に着目して経営資源をうまく投入するよう、企業組織自体が変化してきていることがよくわかった。発電所の売買や域外への進出はその典型だ」

つまり、詳細・多面的に調べた者にとっては、自由化初期の海外事例は経営の変化、事業ドメインの考え方などで、明らかに日本が取り入れるべきものがあったのだ。しかしその多くは当時の日本の電力会社の行動特性と合わなかったために、知識として留め置かれたか、わざと無視されたように思われる。

また、自由化全般の捉え方について井村はこのように述懐する。「私自身は、その社会独自の事情や政治的意図で始まった電力自由化を、普遍性のある理屈に構築していく欧米人の姿にうまいなと思う半面、もともとの事情や政治的意図を忘れて、あるいは知らずに本当に普遍の真理だと思い込んで外国に売り込んでいく姿に滑稽さも感じた。一方日本人は、電力に限らずいわゆる日本特殊論でしか反論できないのに歯がゆさと危うさを感じた。日本特殊論はともすれば、この後国内で跋扈（ばっこ）することになるグローバル化や市場原理の礼賛・盲従と同じ要素を持っているからだ」

当時の電力人の多くは「欧米の自由化地域では市場原理で電気事業を運営している」と考えていたが実情はそんなに簡単ではない。深い学びが絶対的に足りなかったのである。

井村らは社内で何度か報告会を行った。英国のプール市場の状況と見直しの状況、12の配電局の外国勢による買収と新たな垂直統合回帰、ドイツの激烈な小売競争、米国の卸自由化の影響、RTO（地域送電機関）やISO（独立系統運用者）の一般化、競争移行とストランデッドコスト（回収不能費用）回収など、その後の世界の電力システムを決定づける要素のほとんどはこの時期の電力改革で出尽くしていたので、どの国・地域の調査であっても報告ポイントは山ほどあった。

井村によれば、発表会には副社長級から若い社員まで百人以上が参加することが多く、参加部門も企画・原子力・営業・工務・配電・人事・経理など多岐にわたった。この時期、既に自由化の情報は各部門に行き渡っており、最新動向の調査もそれなりに熱心だったので、管理職以上の参加者は一応の海外電力自由化の特徴は知っていたようである。

井村はここでの発表後のやりとりを次のように述懐する。「会社は部門の集まりなので、参加者はあくまで自分の担当業務の個別の質問しかせず、全体論としてこれから電気事業がどうなるかに言及した者は一人もいなかったように思う。ストランデッドコストの細かいルール、コストダウンのやり方、人員削減などずいぶん質問が出たが、日本の電気事業自身がどうなるか、という議論にはならなかった」

日本の電力会社の経営上の弱点として、たとえ取締役であっても部門長の職能しか持たず、経営陣の議論がダイナミックな経営変革のための場ではなく部門長による利害調整の場に過ぎないことが長年指摘されている。海外電力自由化の情勢分析において、この弱点が極めて悪い形で発揮されたと思われる。

ここまで、自由化前夜というテーマでまとめてきた。米国の経済学者による理論提示、英国のやや蛮勇を奮った感のある自由化、北欧の市場改革的自由化など、それぞれ後の世界に長く影響を与えたが、日本では多くの電力人が持っていた「日本の電力システムは正しい」という正常化バイアスと日本特殊論、あるいは組織の縦割りと全体戦略デザイン力の欠如が、自由化を正面から捉えることの障害となり、この後の日本の自由化に尾をひくことになるのである。

第2章

改革の黎明

執筆 穴山悌三

1993年 - 2000年

◆元始の自由競争

元始、電気は実に自由であった。

わが国に初めての電燈会社が設立された1883（明治16）年から戦時期の国家統制がかかるまで、電力会社は自由かつ活発に競争していた。わが国の需要拡大に伴って次々と誕生した全国の電力会社は、発展と淘汰（とうた）を繰り返しつつその規模を拡大する。

激しい競争が展開された歴史として、明治末期における東京市での市場拡張競争が有名である。当時の東京電燈は、東京市では独占的な地位にあったが、東京周辺に水力発電が次々と建設されたことなどから、競争が激化。東京電燈のライバルとして、東京鉄道の電気事業を継承した東京市や、桂川水系の電力を用いる日本電燈が、東京電燈よりも1割値引きすることや料金の3カ月無料サービスなどを掲げて、需要家を激しく奪い合った。

この競争の行き着いた先は、経営悪化による共倒れを回避するための3電協定であり、供給区域の区割りや供給条件の均一化である。

その後、電源の開発や送電ネットワークに膨大な資本が必要となるにつれて全国的に企業集中が進み、１９２３年に全国で６２８社あった電力会社が「５大電力（東京電燈、東邦電力、大同電力、宇治川電気、日本電力）」と呼ばれる寡占に至った。36（昭和11）年の水力火力発電設備に占める５大電力のシェアは、直系・傍系の系列企業を含めて約６割に達する。

５大電力時代にも地域をまたぐ激しい競争が展開されている。関東、中部、関西の各大需要地域では、大正末期から昭和初期にかけて、新たな進出会社と当該地域を地盤とする会社との間で熾烈（しれつ）な争いがあり、複数の会社が送電線を並行して建設するなど、諸問題を物語るエピソードが今に伝えられている。

これらは、戦時下の国家管理、戦後の電力再編成による９ブロック別の垂直一貫体制での電気事業経営が行われる前の話である。電力管理法と日本発送電株式会社法が公布された38年頃までは、各地域の開発電源を基にした電力会社や、自家用発電設備を活かした産業界の参入なども相次いで、やがては大手に集中、そして大手企業間では持続不可能なほどの消耗戦が展開されてきた。この経験は、電力自由化のエピソード１として銘記しておく必要があろう。

◆民営・地域別供給の意義

刑法245条は、窃盗および強盗の罪については「電気は、財物とみなす」と定めている。

明治時代に定められた旧刑法では窃盗を「具体的な財物をかすめ取る行為」としていたために、電気は物か物ではないかが論争となった経緯がある。本来は無体物である電気は、法に「財物とみなす」と記す必要がある特殊な財であるのだ。

電気は無体物であるけれど、電気需給契約は売買契約に類似する有償契約であり継続的供給契約であり、この契約は需要場所、電気設備等の具体的な基礎があって初めて存在意義を有するという対物性が強いものだ。このため、契約上は需給地点などを確定する必要があり、自由化の議論でしばしば問題となる「一需要場所」の定義などが重要になってくる。

電気は無体物ではあっても「製品」に相違ない。ただしサービスの性質も有することから、古典的な公益事業論では「サービス製品」とも呼ばれてきた。電気はいったんネットワークに入れば、その品質は同一となる。周波数や電圧などといった電気の物理的特性が同一になるので、電気事業は同質の財を共通のネットワークシステムで供給するサービスとみなすこともできる。

ただし電気の品質は、いったん整えたらそれが自動的に安定するというものではない。時々刻々と変化する需要量と供給量とのバランスが保たれるようにネットワークや電源設備を計画・運用し続けなくてはならない。

例えば電気通信産業や運輸産業など、有効な競争を展開するために既存のネットワークを競争のライバル企業も公平に使うことができるようにする（オープンアクセス）政策がしばしば採用される。

これらが主としてネットワークへの適正な接続条件や利用料金の設定方法を問題にするのに対して、電気の場合はこれらに加えて、中長期的な設備投資から短期的な系統運用まで、総合的な取り組みと調和とによって安定供給を果たさねばならず、より一層繊細な制度設計が必要になる。

電力自由化は、商品としての電気を自由に売り買いするようになるという単純な話では終わらない。電気の特質ゆえである。

企業が創意工夫を発揮するには、民有民営の私企業が望ましい。これは、戦後の電力再編成に関する激しい議論の末に確認された原則である。

併せて、発電部門と配電部門が分割されていた当時の状況は責任ある経営を行う上で望ましくないので一貫体制に改めること、そして、需要家に行き届いたサービスを提供するために全国1社体制ではなく供給地域を分割すること、が確認された。

私企業が創意工夫や活力を発揮することへの期待は、今では当たり前のことと感じられるが、1950年頃にいち早くこうした考え方を重視していたということは、日本電信電話公社の民営化が85年、日本国有鉄道の地域別会社等への分割民営化が87年であったことを思えば、やはり先見の明であった。

現在の電力規制改革議論では、特に全国的な競争や再生可能エネルギーの普及拡大にとって、ネットワークや発電設備が地域別に形成・発展してきたことが負の遺産のように語られることが多い。しかしながら、とりわけ電力需要の伸びが著しかった73年のオイルショックの頃までは、電気を必要とする人に対して十分に低廉で安定した電気を供給するという電気事業者の使命を果たす上で、地域別の責任供給体制は有効に機能してきたといえよう。

この「使命」は、わが国の総合エネルギー対策の確立が試みられた60年代以降に国の政策原則にも関連してくる。62年5月に産業構造調査会に設置された総合エネルギー部会で出された体系的な総合エネルギー政策の3原則は「低廉・安定・自主性」であった。このうち自主性は石油の自主開発が念頭に置かれており、こと電気事業についていえば、90年代の自由化の議論に至るまで、「低廉（料金）・豊富（需給確保）・安定（品質）」の達成が事業者の使命として強く意識され、行動原則となってきた。

これらの使命を見る限り、自由化が一段落した現代でも、その社会的意義や重要性については何ら変わりがないように思われる。

しかしその達成手段は、一般電気事業者の供給責任と料金規制という体系から、市場的解決手段の活用とネットワーク等への公的関与という体系へと大きく変貌することになる。

◆バブル前後の時代背景

わが国での自由化議論はどういう時代背景の下で論じられるようになったのだろうか。駆け足で概観してみよう。

『ジャパン・アズ・ナンバーワン』、１９７９年にエズラ・ヴォーゲルが上梓した著書のタイトルは、80年代前半に高度成長の成果を謳歌（おうか）する日本の空気を反映していた。製造業の強さの秘密が世界から注目され、自動車や電機などの輸出もすこぶる好調であった。

ところがこの結果として米国などとの貿易摩擦を招き、85年9月のプラザ合意に至る。これ以降、急激な円高が進行し、製造業を中心とする輸出産業にダメージを与えることになり、わが国の産業空洞化が懸念されるようになってしまった。

このため内需主導型の積極財政と金融緩和が続き、株式・土地などへの投機が激化した。89年12月29日の東証大納会で日経平均株価が史上最高値を記録する。しかし年明けから株価の大幅下落に至る。これがバブルのピークであった。

土地関連融資の総量規制、日銀による金融引き締めによってわが国の信用収縮は一気に進み、90年から景気は後退局面に入った。

これらの時期は、わが国で公的規制の見直しが経済政策の大きな潮流となった時期でもある。首相の諮問機関である臨時行政調査会（臨調）が81年から、臨時行政改革推進審議会が83年から、それぞれ公的規制の見直しを牽引してきた。

この結果、日本国有鉄道、日本電信電話公社、日本専売公社のいわゆる3公社の民営化や、金融、運輸、通信、流通、そしてエネルギーなどの分野における規制改革の進捗（しんちょく）をみたのである。

他方、政治の世界では、88年のリクルート事件や92年の東京佐川急便事件などが明るみになり、政治不信が増していた。新党ブームが訪れ、93年8月には細川連立政権が誕生した。自由民主党が与党となる、いわゆる55年体制は崩れた。

80年代から90年代にかけての、産業空洞化、バブル崩壊後の経済社会、公的規制の見直しの潮流、そして政治不信と変革の希求。わが国の電力自由化のトリガーは内外価格差問題であるとしばしば言われるが、実はこうした時代背景が大なり小なり影響している。

◆「内外価格差」から「高コスト構造」へ

安定供給。

当時の一般電気事業者にとっては、まさに金科玉条であった。需要が伸びれば、伸びる分だけ投資をしなくてはならない。「低廉・安定・豊富」の使命は絶対であった。

1980年代までの電力需要は、販売電力量も最大電力も伸びていた。70年代の石油危機によって、経済成長の伸びに対する電力消費の伸びの割合（GDP弾性値）は80年代前半には1を下回るようになっていたが、それでも実質GDP自体が伸びていたので、電力需要も堅調に伸びていたのである。

必要な設備量の確保に直結する最大電力の1年当たりの伸び率でみると、63〜73年度に11・8％だったのが、石油危機の73〜79年度は4・6％、その後の79〜86年度も3・0％と低下する。しかし86〜91年度には再び6・1％と高い伸びを示す。この間の最大電力のGDP弾性値をみても、80年代半ばに0・94と1を切っていたのに86〜91年度には1・27

と高い水準に戻ってしまう。すなわち、当時の最大電力の伸びは、経済成長の１・27倍の伸びとなっていたのである。

加えて、当時は石油危機後の脱石油火力発電を積極的に進める電源多様化の時期でもあった。また電力需要のピーク時に需要が集中し、それ以外の時間帯とのギャップが拡がるという状況、いわゆるピークの先鋭化が進行した。

一般電気事業者は、電力需要の急増を賄うための電源や流通設備を確実に形成しなくてはならず、電源多様化やピーク負荷の先鋭化への対応もしなくてはならない。そのための資金調達や経営効率化努力の取り組みの重要性が意識されつつあり、財務体質の改善が深刻な経営課題になりつつあった。

とはいえ、電源立地難のために大容量電源は電力消費地から遠隔化し、これと消費地とを結ぶ長距離の超高電圧送電設備の建設も必要になるなど、安定供給という金科玉条を遂行するための投資費用は膨らみ続け、80年代半ばにはわが国の民間企業設備投資額の１割が電力設備投資であるという状況になった。

この社会的影響力の大きさから、電力投資の波及効果に内需拡大の役割を期待する声もあったが、一方で、電気事業経営に対する「高コスト構造批判」の影が忍び寄ってきたのである。

80年代後半の円高の進行は、国内で生産される製品価格を海外製品に比べて割高にした。このことは、輸出産業の経営を直撃しただけではなく、特に貿易されない製品の価格についての国民の不満を高めることになった。

諸外国に比べた日本の諸物価の高さを問題視するのがいわゆる内外価格差問題である。国民生活に直結するとして、当時はとりわけ公共料金の内外価格差について国民の関心が高まった。経済企画庁の委託を受けた日本総合研究所の調査では、90年当時の家庭用電気料金（250キロワット時使用におけるキロワット時単価）について、日本を100とすると、アメリカ83、イギリス90、ドイツ112、フランス95としており、1～2割程度の割高になっている。

当時でも、比較対象の範囲や定義あるいは質が違うとか、貿易財ではないサービスの比較は単純にはできないとかの根拠を挙げて、国際価格比較の精度は決して高くないという冷静な意見も一部にあった。しかし、内外価格差を問題視する声にこうした意見はかき消され、円高の進行に伴う差益還元の声も増す状況であった。

円高下で苦闘する産業界からの差益還元を求める声に対して、電力業界は値下げできる環境にないと強調した。既にみた通り、電気事業者にとっては設備費増加こそが問題であり、差益どころか、むしろ巨額の設備資金を賄うための外部資金の支払利息が増えていた。当時の那須翔・電気事業連合会会長は、「タコではないが、自分の足を食べて設備投資している」と表現している。

電気事業連合会は93年7月に自ら作成した説明資料『円高問題と電気料金』の中で、業界の主張を展開した。例えば「1986年以降、既に4度の値下げで約2割料金が低下」、「第2次石油危機当時に原価の4割程度だった燃料費が1～2割にまで低下し、今は影響が小さい」と述べ、「他の公共料金に比べて値上がり率が最も低い一つである」として「電気は物価の優等生」とアピールもしている。

しかしこれらはいずれも世論の共感をあまり得られず、「生産額に占める購入電力量の割合が相対的に低まっている（だから電気料金の影響は限定的だろう）」と言うなどして、かえって産業界の反発を招いてしまった。

このように電気料金の内外価格差問題は、その実態が曖昧なままに「高コスト構造」という看板に掛け代わり、これがわが国における初期の電力自由化議論の錦の御旗となった。

果たして実際の当時のわが国の価格構造はどうだったのだろうか。当時の議論をいくつかの例でみてみよう。

93年5月の三和銀行『経済月報』は90年時点の日米物価水準を比較し、米国が100に対してわが国が134と内外価格差が大きいと指摘して、この差は非貿易財で発生しやすく割高幅が一段と広がったが、貿易財の食料品や衣類などが割高で、その原因はわが国の製品輸入比率が低いことにあるとしている。

さらに同年6月に通産省（当時）が公表した『内外価格差の要因について』は、わが国の非貿易財部門の生産性が貿易財部門に比べて極めて低く、生産性向上が重要と指摘している。

また88年10月の伊藤成康論文「電気料金・費用構造の国際比較」では、日本と英・米・仏とを比べて、日本が相対的に高いのは、燃料費、財務費用比率が高い資本費、諸税であるとし、分野別には発電コスト以上に送配電費の格差が大きいことを明らかにした。さらに、技術的な効率性指標が諸外国に劣らない一方で費用面が劣っているのは、投入要素価格が割高であるか、費用最小化が実現できていないと指摘している。

当時の議論を総合すると、まず①非貿易財である電気であるが、その生産性向上は貿易財に劣らぬように達成すべきものであること、また②電力費用構造をみると、国家のエネルギー事情なども反映する燃料費や諸税はさておいても、増加する資本費を抑えて財務体質を改善する必要があること、そして③部門別には、特に送配電ネットワーク部門の費用逓減を図る必要があること――になる。

電気事業審議会の電力流通設備検討小委員会が97年12月に公表した中間報告では、販売電力量当たりの日米の流通コストを比較して、日本は米国に比べて5倍強の費用であり、コスト構造を比較すると日本は設備関連費用（資本費・運転維持コスト・その他補修費等）が割高であると指摘した。

5倍以上も開きがあるというのは穏やかではない。この開きはキロワット時当たり約3・2円に相当するが、この差はなぜ生じていたのであろうか。

95年当時、関係者の問題意識は次のようなものであった。「まず、日本と米国とでは、電力需要形態も違うし、賃金や地価も違うだろう。それに国土事情や自然環境、安全対策などの地理的・社会的環境条件の差だってあるのだから、これらがどの程度影響しているかを見極めないと、単純に高いとは言えないのではないか？」というところであった。

そこで電力流通設備検討小委員会では、経済環境の差異について日本が米国並みであった場合のコストを試算し、また地理的・社会的環境条件の差に関することは「米国では実施していないのに日本で実施している事項」としてそのコストを試算した。

その結果、まず日米の経済環境の差異に関して、負荷率の違いで日米間のコスト差の約5％、需要の伸び率の差で約6％、全産業平均の賃金差で約27％、地価の差で約4％が説明できた。合計すると日米コスト差の4割程度に相当する。

次に地理的・社会的環境条件の差に着目してみると、コスト差に占める割合が最も大きかったのは「国土事情による要因」で、約22％がこれで説明できた。このうち約半分は配電設備関連の要因で、例えば配電線の移設費用、家屋密集に伴い電柱本数が増えること、地中配電線敷設に伴う費用増などであった。

そのまた半分程度が送電設備関連の要因で、例えば山岳地域への送電線の敷設や電線下の土地取得、広範囲な樹木伐採が困難なので鉄塔を高くするために資材費や工事費が増えること、地中送電の工法・夜間の敷設工事・仮復旧などに費用がかかることなどであった。

次に大きいのが安全対策に関する要因で、送配電設備の公衆保安対策の違いなどが約９％であった。また現地耐圧試験や電力量計の全数取り替えなども約４％に相当した。

こうしてみると、日米の諸条件の差で説明できなかったものはコスト差のうちの約２割となる。この分析のために関係者は寝食を忘れて膨大な労力をかけたが、この結果が「日本の送配電設備が高いのはやむを得ない」という論調に発展することはなかった。

◆規制緩和の波の中で

１９９０年は、伝家の宝刀と言われ、数年に一度あるかないかの需給逼迫時に発動される需給調整契約（随時調整契約）が、瞬時５回、緊急時６回と計11回も発動されていた。92年上半期には32年ぶりに電力行政に関する監察が入る。通産省（当時）などの関係省庁や各電気事業者を対象に総務庁（同）の調査が行われ、長期電力需給見通しが心もとないとして、通産省はその見直しの検討を勧告されている。

具体的に最大電力に関する指摘をみてみよう。93年８月の行政監察結果報告書は、長期需給見通しの達成が心もとない状況をこう述べている。

「88年度から92年度の最大需要電力の伸びは年平均5・6％で、電力需給見通しの予測（3・0％）を大幅に上回る。また、長期電力需給見通しの2000年度の予測値と一致させるには、今後の伸び率を年平均1・7％に抑える必要があるが、それにとどまるとは考えられない。電力施設計画および電源開発基本計画（電源開発調整審議会の議を経て内閣総理大臣が決定）をみると、00年度の最大需要電力はそれぞれ1億8195万キロワット、1億8074万キロワットとされており、いずれも電気事業審議会需給部会が示した長期電力需給見通しの予測値（1億7250万キロワット）を約5％上回る。中央電力協議会が取りまとめる93～02年度の需給バランスは希望分としていずれも8％を上回るが、うち電源開発調整審議会で決定済みの開発電源のみでは、97年度以降供給予備率が8％を下回り、01年度以降は供給力が需要を下回る」

電気事業の規制をあずかる通産省などに対する勧告はこうである。供給力確保のため、自家発設備設置者の余剰電力などの積極的活用、余剰電力購入の一層の積極的推進、取引方法の透明性確保、需要ピーク時における売電促進、特定供給の在り方についての総合的検討などを行うこと。需要対策面では各種料金制度の見直しや導入などを検討すること、などである。

これに対して通産省は、「電力会社以外が開発する分散型電源を今後全体の電力供給システムの中に積極的に組み入れていくことが重要」と回答した。「一般電気事業者だけに任せて大丈夫か？」自由化議論の底流には、こうした疑義も存在していた。

93年は規制緩和を求める声が相次いだ年である。8月に細川連立政権による規制緩和宣言が出て、それを踏まえた各省庁による検討項目が提出された。9月には、経団連が『規制緩和等に関する緊急要望』の中で、「エネルギー分野」として「分散型電源の普及促進のための特定供給規制等のあり方の見直し」と「円高差益還元の検討」を要望。財界としてのスタンスを明確化した。

他方、同じ9月に政府の経済対策閣僚会議が『緊急経済対策』を発表し、「規制緩和等の実施」について94項目を別紙で列挙した。電気事業に関しては、まず「新規事業の創出・事業拡大等の促進」として「分散型電源に係る保安規制の緩和」、「分散型電源からの買電メニューの一層の整備」、「電気主任技術者資格制度の合理化」を挙げている。また「申請者等の負担軽減」として「電線類地中化の際の道路占用料の軽減」という内容もみえる。この段階ではまだ本格的な電力自由化に道を開くような内容は打ち出されてはいない。

同年12月には、総理大臣の私的諮問機関である経済改革研究会が「経済改革について」と題する報告を公表した。同研究会の座長が東京電力出身の平岩外四経団連会長であったので、この報告は「平岩レポート」と呼ばれている。

この中で、「改革のための5つの政策の柱」の筆頭が規制緩和であり、「経済的規制の原則自由、社会的規制の最小限化」の基本方針を提言した。後にこの研究会のメンバーであった中谷巌・大田弘子が著書で「官僚圧力」によって改革があいまいにされたと述懐しているように、経済的規制の原則自由・例外規制の方針は、各省庁の抵抗を招く一面もあっただろう。

また当時の規制緩和を求める声の背景には、日本市場への円滑な進出を望む米国の通商政策的意向が働いていたことも忘れてはならない。93年からの日米包括経済協議では、日本の電気通信市場へのアクセスを増やす措置や保険・金融サービスの規制緩和などについても合意している。

そして同年12月、総合エネルギー調査会基本政策小委員会が、電力供給体制の変革を内容とする中間報告を取りまとめ、電力自由化の議論が幕を開けることになる。

◆自由化開幕と官民の思惑

基本政策小委員会の中間報告は、発電部門における市場原理導入とともに、電力会社による託送や需要家への直接供給の在り方について検討すべきであるとする内容であった。

この背景には、既にみたような当時の日本の時代背景や、様々な分野において規制緩和が求められていたという状況がある。しかしながら、平岩レポートをまとめた研究会の委員らが「官僚圧力があった」と述懐しているのと対照的に、電力の規制改革がこうして検討の組上（そじょう）に載っているのは、事務局である規制当局自身が電力供給体制の変革を指向していたからに他ならない。

その理由は、内外価格差の指摘や高コスト構造批判もさることながら、規制当局として、需要の伸びを賄うために電源が大型化・遠隔化して流通費用も割高となって財務体質が悪化していた当時の一般電気事業者の経営状況に鑑みて、もっぱら一般電気事業者に頼ることへの危機感を高めていたからではないだろうか。総務庁（当時）による電力についての行政監察が行われたのも単なる偶然ではあるまい。

審議会などで長年にわたり電力規制改革をリードしてきた植草益東大名誉教授は、1993年10月の日本経済新聞紙面で「これまで規制緩和が実質的な進捗をみなかったのは、規制権限を保持するための官僚の抵抗によると言われてきた。この指摘は必ずしも正しくない。規制を大幅に緩和したら、経済の発展と安定に自信がもてなかったのである」と述べている。同年12月の基本政策小委員会の中間報告は、電力行政をつかさどる規制当局が、電力供給体制の変革に不安を抱かず、むしろ経済の発展と安定のためには変革こそが望ましいと考えるに至っていたことの発露でもあった。

他方、コストダウンや資産のスリム化が必要であるという一般電気事業者も、経営事情に照らして一定の規制改革を受容する立場に立っていた。

当時の荒木浩・東京電力社長はメディアのインタビュー記事などにおいて、発電市場への新規参入促進が進めば、電力会社の一層の刺激となり供給力不足も解消されることを期待する旨を繰り返し述べている。こうした業界の賛意も得て、電力自由化の扉が開かれた。

発電市場への競争導入に賛意を表していた電力業界であるが、いかなる規制改革であっても無制限に受け入れるスタンスであったわけではない。

94年9月の日経ビジネス誌の「変革の時代を迎えた電気事業」と題する広告企画記事では、荒木が「電気事業は基本的に『原則自由、例外規制』にすべきだ」と語る平岩レポートと平仄（ひょうそく）が合うインタビューを掲載し、東京電力が規制緩和に単に賛成するだけという消極的な態度ではなく、今回の規制緩和を活かして一層の経営体質の改革に取り組むという記事を載せている。

さらに加藤寛・慶応義塾大学名誉教授の談話として「政府が規制緩和に取り組むのは経済を活性化するためで、これを実現するには競争原理の導入が効果的と判断するからです。規制緩和は『手段』にしか過ぎないのですが、それが現在では『目的』に変わりつつある感を抱いています」、「電気事業は長期にわたる設備投資が不可欠な公益事業なので、単純に規制緩和という声に動かされてはなりません」という声を同時に掲載しているのは興味深い。

制度改革の内容は94年3月から電気事業審議会で審議され、同年6月には需給部会の2つの小委員会の報告書が出された。電力基本問題検討小委員会による「電気事業への競争原理導入による事業規制の見直し」と、電力保安問題検討小委員会による「自己責任原則による保安規制合理化」の提言である。

また料金制度部会では、電気料金の総括原価方式を見直して上限価格（プライスキャップ）規制を導入するかどうかが注目されたが、「日本にはなじまない」として導入は見送られ、事業者間のパフォーマンスを比較するインセンティブ規制のヤードスティック方式が導入されることになった。

小売部門では特定地点の需要家への直接供給が可能な特定電気事業制度が新設されたが、電源に付随する限定的な参入形態であるので、このとき導入された卸電力入札制度や卸託送の活性化と並んで、発電部門への新規参入拡大の一環としての意味合いが強かったといえよう。

これらを定めた電気事業法が成立し、95年12月に施行された。31年ぶりの抜本的な改正であった。

この改正で最も注目されたのは発電部門への競争導入である。新規火力発電のうち開発期間が7年以内のものについて入札制度が導入され、一般電気事業者が入札による電源調達を実施した。

応札したのは、自家発電を通じてノウハウを持つ鉄鋼業界、化学業界、紙パルプ業界などの素材産業や、石油残渣を燃料として活用できる石油精製業界、さらにガス業界などであって、これらは独立発電事業者（ＩＰＰ＝Independent Power Producer）と呼ばれた。実績供給力は、96年が３０５万キロワット、以降は毎年、３１２万キロワット、22万キロワット、１００万キロワットと続き、主な落札企業は神戸製鋼所、新日本製鐵、太平洋セメント、住友金属工業などであった。

新たに発電部門に加わったＩＰＰの供給力は相対的に大きな規模とはいえないが、落札価格は各電力会社が定めた上限価格から平均して1割弱から3割半ばほど安い価格であったことから、それまで直接的な競争環境を経験したことがなかった一般電気事業者の発電部門には大きな刺激となり、その後の自社電源の建設コスト管理のメルクマールとなるなど、一般電気事業者の経営層の思惑通り、効率化を促進する一つの材料となった。

社会的にはあまり注目されなかったが、この改正は一般電気事業者の経営にとっても「自由化」となる内容も含まれていた。

一つは料金制度における届出制の導入である。当時、ピーク需要の先鋭化に伴う負荷率悪化が問題となる中で、需要家の選択肢を広げ、需要家の効率的な電気使用を促すことで負荷平準化を積極的に進めるという観点から、こうした効果を持つ料金メニュー（選択約款）は個別認可制から届出制に変更された。

また保安規制（安全規制）について、国の直接的な関与を必要最小限に抑えて重点化を図るとともに、自主保安を基本とする自主点検制度の導入などが行われ、自己責任を明確化しつつ合理化された。

そして、兼業規制も緩和された。それまで「経営がない」と他産業からやゆされることもあった電力産業であるが、自由化は既存事業者の経営自由度も高める。この電気事業法改正はその萌芽（ほうが）となったといえよう。

◆燃料費調整制度の導入

電力供給体制の変革議論と並行して、実際の電気料金引き下げ措置も取られていた。石油危機以降の電気料金を振り返ると、燃料費や諸物価の高騰、資本費増大などの理由で1980年頃まで引き上げ基調にあったが、88年の料金改定で約2割弱引き下げられた。この間、円高の進行や原油価格の低下を受けた暫定措置として、86年と87年の２度にわたり計19カ月間の料金引き下げがあった。

正式な電気料金の改定にあたっては、総括原価主義に基づいて、事業の遂行に真に有効で必要な費用か否かについての詳細な審査を必要とするため、規制をする側も受ける側も膨大な労力と時間とを要する。為替レートや油価という外部環境の変化を迅速に料金へ反映することは難しかった。

このため、すべての原価を見直す（これを洗い替えと言った）本格的な改定ではなく、暫定的な措置として主たる原価の変動分を反映した改定を行うことが数度にわたって行われた経緯がある。

95年の電気事業法改正のタイミングでは、円高差益還元を求める経済社会の声に圧（お）される形で、93年11月から暫定料金引き下げ措置が実施され、それが94年10月、95年7月と2度にわたって延長されていたのである。この措置は、電気事業法改正に伴う経営効率化の見込みなどによる原価低減を織り込んだ96年1月からの改定電気料金まで続けられた。

燃料費調整制度は、こうした暫定措置を取らずに為替と油価の変動という外部経営環境の変化を迅速に電気料金水準に反映させる狙いで、規制当局が導入を主導した。

燃料費調整制度の考え方は74年、79年の料金制度部会でも議論の俎上（そじょう）に上ったが、企業努力を損なう恐れがあるとして採用が見送られていた経緯があった。しかし円高差益還元が続く局面ではむしろ消費者の益にかなうとの考え方が規制当局にはあったのだろう。

燃料費調整制度はその後、電気料金の上昇局面での調整弁にもなり、当初の思惑は外れた面もある。燃料費の変動が外部化されることは、電力会社のリスクヘッジや中長期的な電源構成の変化にも影響する。この制度の導入がなければ、電力会社は金融的手法などをより積極的に活用していたかもしれない。

◆電力「分割」論の衝撃

1995年改正の電気事業法施行から1年も経たない96年11月11日の電気新聞に「電力卸供給　入札結果出そろう　IPP船出まずは追い風」という見出しがある。

他方で別の記事には「公取委研究会　電力規制緩和巡る論点　入札拡大など課題」とあり、入札制度の拡大や買電の義務付け、送電線のコモンキャリア化、直接供給の拡大、大口需要家に対する域外供給や料金の自由化などをテーマに検討が開始された旨を紹介している。31年ぶりの抜本的改正と言われた電力制度改革であったが、改正直後から既に「さらなる改革」が模索されていたことを示している。

さらなる自由化議論の道しるべとなったのは、96年12月に橋本龍太郎内閣で閣議決定された経済構造改革運営の基本方針「経済構造の変革と創造のためのプログラム」であり、97年5月には「経済構造の変革と創造のための行動計画」が閣議決定された。

電力については「平成13年（2001年）までに国際的に遜色のないコスト水準とすることを目指して、所要の規制緩和・制度改革を行う」旨の記述があり、これが新たなキャッチフレーズとなった。そして、電気事業審議会の基本政策部会で供給システム全般の見直しを行うこと、98年の早い時期での料金改定と00年に再度の料金改定申請を行うことを期待することなどが盛り込まれた。

97年1月には佐藤信二通産大臣が記者会見で一般電気事業者を中心とするいわゆる9電力体制の見直しに言及し、発電部門と送電部門の分割が高コスト構造是正などに効果的かどうか研究すべきではないか、との見解を示した。この背景には、同年5月開催の経済協力開発機構（ＯＥＣＤ）閣僚理事会での規制改革報告が電力会社の分割（アンバンドリング）に言及する見通しであったことがあるが、既に規制当局内で具体的な議論が盛んであったことが推察される。

戦後の事業体制再編から一貫して民有民営の私企業であった一般電気事業者はこの発言に大きく反応した。佐藤通産大臣は同年2月の電力業界首脳との懇談会で「分割そのものよりも高コスト構造の是正が重要」との見方を示す一方で、電気新聞のインタビューでは「タブーへの挑戦」に取り組むとも述べている。

経済構造改革を目玉としていた橋本内閣の行動計画において、電力コスト引き下げのための具体的な方策は、蓄熱式空調システムの普及拡大やＩＰＰの活用などによる負荷率の改善、発電事業分野での対等競争条件のための制度の在り方、電力流通設備形成の在り方が列挙されていた。当時大きな議論を呼んだ発電部門と送電部門の分離は、この第2の論点に含まれる。

他方、97年5月のＯＥＣＤ閣僚理事会で承認された「規制改革閣僚理事会報告書」は、電力、電気通信など6分野の規制改革の指針を示すもので、消費者保護やエネルギーセキュリティーなど各国の事情を踏まえ慎重に進めるべきとの留保条件を付けてはいるが、電力分野では発電部門と送配電部門を分離して発電市場の競争促進につなげるよう求めるものであった。また、公益事業のネットワークを会計的または組織的に分離し、「上流」と「下流」の内部補助を排することで非差別的なアクセス保証と適正な競争環境を実現することが必要であるとも指摘している。

現時点からみれば、ネットワークへのオープンアクセスを担保するための措置を講じることは当然であり、会計的な分離にとどまることも認めているこの報告書の内容はある意味妥当とも言えるのだが、「分割」という言葉が躍ったことで、電力業界には激震が走った。

ほぼ時期を同じくする97年7月に、次の制度改革を議論する電気事業審議会がスタートした。会長には今井敬・新日本製鉄社長が就いた。審議会に対して多くの産業団体から強い改革要望が出されていた状況を踏まえて、当時の電気新聞記事は「具体策を審議する電事審の会長と新設の基本政策部会の部会長が、電気料金引き下げを強く求めている製造業者から選ばれたことは、審議の過程に小さくない影響力を持つものとみられる」と評している。

また当時の消費者代表は、行政改革委員会規制緩和小委員会の場において、内外価格差への不満や、電気の選択権が全くないとの不満を述べて、「欧米の電気事業を考えると、大胆な転換が可能ではないか」と指摘した。

こうして「国際的潮流」をてことした外圧と内圧とが次第に高まっていったのである。それらの圧力に対して、電力業界は「海外事例評価は時期尚早」のスタンスで臨んだ。事実、後に00年~01年の米国カリフォルニア州の電力危機や、04年の北米大停電が生じた際に、電気事業制度の改革への疑問も呈されることになるが、この時点ではまだ大きな問題は生じてはいなかった。

供給責任を完遂する使命感が強かった当時の一般電気事業者にとって、電気事業制度改革の大前提は、日本の国情にかなう安定供給を中長期的に維持し得ることであり、そうした目的を達成できるような「日本型モデル」を求めるべきだと主張した。

荒木浩・電気事業連合会会長（東京電力社長）は、当時の議論にあたって、①電気という商品の特性と日本特有の事情を踏まえること②自由化の具体的なメリット、デメリットを把握した上ですべての需要家にとっての利益を考えること③長期的な視点で検討すること――の3点をしっかり考慮すべきと強調している。そして「完全自由化の姿を十分に理解した上で、納得のいくまで時間をかけて検討し、日本に適応した競争形態を考えるべきだ」とも述べている。

その核心は、電気という財の特質に照らして、中途半端に形だけの自由市場をつくっても、市場の失敗に直面してしまうという懸念にある。

現在であれば、キロワット時を取引する主たる電力取引市場に止まらず、発電設備容量（キロワット）や安定供給維持のためのアンシラリー・サービスに対する何らかの手当が必要なことは自明であるが、当時は、世間や規制当局と長らく事業を担ってきた一般電気事業者との間に、知識や情報の乖離（かいり）・非対称性があり、また一般電気事業者の側もプレイヤーの多様化と増加を前提とした知見の蓄積に乏しかったことから、「完全自由化の姿」を具体的に捉えることは難しかった。

こうして、当初の「分割」（アンバンドリング）への興奮は、いわゆる地に足のついた議論へと転換を遂げ、電事審基本政策部会で電力委員が推す「送電線の利用拡大」が新たな制度のベースとなった。電力業界自らが表明したことで「歴史的」とする評があった一方で、「肉を切らせても、骨までは切らせない」との声も上がった。

送電線の利用拡大という日本型モデルは、大口需要家が発電者を選択して取引する自由を高めるという発想である。

電気の小売について一般家庭までを含むすべての需要家を対象とするためには、取引市場（当時はプール市場と呼ばれた）の整備や、制度移行に伴って生じ得る様々な影響への手当などもしっかりと考える必要がある。しかし当時は精緻な議論に至る前段階として、「そもそもどのような悪影響が生じ得るのか？」という抽象的な議論に止まっていたのである。

◆再検討前提の部分自由化

重要なキーワードは「公益的諸課題との整合」であった。１９９８年5月の電事審基本政策部会の中間報告で「部分自由化を当面の選択肢とする」との中間整理がなされたが、その理由として、①ユニバーサルサービスが現状と同様に確保されること②自由化部分の競争により電気事業全体の効率化を通じた効果が全需要家に行きわたること③新規事業者の数が限定され、現行の発電・送配電設備運用を前提にできるため供給信頼度維持のためのシステム設定が比較的容易であること――などの点が挙げられている。

しかしこれらの制約条件は永続するものとして捉えられていたわけではなく、そのまま今後の検討視点としても位置付けられている。「部分自由化が当面の選択肢」というのは、「今回の議論は、諸課題を解決する具体的な方策の準備が不十分だったので、まずは影響が少ない大口自由化でスタートしていく」という事務局のツケ出しであったろう。

検証の期限は、「制度開始後3年」とされた。

制度の詳細設計でも「公益的課題との整合」が前提となった。送電部門の会計は区分経理で「分離」され、送電線利用のルールについては一般の需要家との公平性や供給信頼度に悪影響を及ぼさないとの観点から、電力系統への技術要件への適合、小売量と発電量を合わせる「同時同量」の原則確保、電力会社の給電指令への順守などが求められた。

電気事業法は99年に改正され、00年3月21日から、需要の約3割を占める特別高圧需要家（契約電力2千キロワット以上、受電電圧2万V以上）を対象に、新規参入者が電力会社の送電サービス（託送、接続供給）を利用して小売販売を行うことが可能になった。自由化される小売市場のおよそ3割を目指して、特定規模電気事業者（ＰＰＳ）と呼ばれる新規参入者が名乗りを上げた。

貿易交渉などを通じて日本に市場開放圧力をかけていた米国からは、話題のエンロンが日本法人を立ち上げて参入を表明した。PPSの届け出は三菱商事が全額出資するダイヤモンドパワーが第一号となった。その後、00年中には丸紅、旭硝子がPPSとなり、年明けにはガス会社とNTTが連合したエネットも参入する。

00年3月21日の自由化開始からの参入がスロースタートとなったのは、PPSは自ら電源を確保する必要があり、その困難さがあったからである。PPSはまさにPower Producer and Supplierであったのだ。ダイヤモンドパワーの供給力は自家発由来の5万5千キロワット、丸紅は3万2200キロワットと既存の一般電気事業者に比べて、はるかに規模が小さい。エンロンは青森に200万キロワット級の大規模発電設備を作ると打ち上げたが、結局実現には至らずに終わった。

自由化開始後に注目を集めたのは、規制当局である通産省（当時）による購入電力の入札であった。8月の開札結果はダイヤモンドパワーがそれまでの料金から4％安い水準で落札し、「自由化の象徴」と報道された。一般電気事業者が「供給コストを適正に反映した合理的な料金」という大義を尊重する限り、新規参入者はおおよその手の内が読めることになる。

しかし同年10月実施の電気料金改定で、主戦場となる業務用電力を東電が8・9％引き下げるなどした結果、雪崩を打って契約変更が生じるようなことはなく、競争激化への世間の期待も縮んでしまった。

ところで、部分自由化開始を目前にした00年1月に、産業競争力会議で東レ、旭硝子の各会長が高コスト構造是正のため託送料金を再設定すべきと要望している。また自由化開始から約半年後の自民党行革推進本部でも、自由化範囲の拡大や託送料金の一層の引き下げが明記され、政府の行政改革推進本部でも規制改革委員会の「非対称的な措置」、「全面自由化やプール市場の創設」などの検討を早期に開始すべきとの見解を正式決定した。

こうして自由化の成果も表れないうちに、次期改革へのレールが敷かれていった。

第3章

「公益」と自由化を巡る葛藤

執筆　戸田　直樹

2001年 - 2005年

◆カリフォルニア電力危機とその教訓

日本の電気システム改革議論で米国の事例はよく参考にされる。例えば、1995年電気事業法改正で導入された卸供給入札制度は、公益事業規制政策法（PURPA）の運用として米国の一部州で行われていた競争入札を参考にしていた。特に当時は、主要国の中で電気事業が民間主体であったのは、米国と日本くらいであったことも大きかったのであろう。

部分自由化開始後間もない2000年春、米国エンロン社の日本進出を各メディアが好意的に報じたのも当然だっただろう。当時エンロンは、かつてのガスインフラ会社から大きく業容を拡大し、Eコマースサイト「エンロンオンライン」は、エネルギーのみならず天候デリバティブやブロードバンドの空き容量まで手広くカバーしていた。いわゆるプラットフォーマーのはしりとも言えようが、すべての商品でエンロンが売買の主体であったところが今のプラットフォーマーとは異なっている。

とはいえ、エンロンの日本での活動は、同社が破綻するまでの2年足らずであり、残したものは多くない。筆者が記憶しているのは、山口県、青森県での火力発電所建設計画と「大口顧客に対して電力会社より最大10％安価に電力を供給する」サービスくらいであるが、前者はそもそもほとんど現実味はなく、既存事業者への揺さぶりだったのだろう。エンロンに発電所を建設されるくらいなら、同社と卸供給契約を締結しようというマインドに誘導する狙いである。ドイツでも同様のことを行っていたと後になって聞いた。

後者は、エンロンが売る権利（プットオプション）を確保するだけで、電力が調達できなければ、需要家は既存事業者に残るしかない。既存事業者に最終保障義務があることを逆手に取ったトリッキーなビジネスモデルで、実際に契約した需要家がいたかどうかは定かではないが、殺到したとはあまり思えない。

エンロンはその後、巨額の不正経理・不正取引による粉飾決算が明るみに出て、01年12月に破綻した。カリフォルニアの電力危機を誘発した市場操作ものちに明るみに出ている。他方で、金融工学を駆使したビジネスモデルの先進性自体は評価できるとする向きもある。今振り返ればエンロンは、「日本の電気事業が直面した、市場の穴を冷徹に突いてくる最初の事業者」と言えようか。

ほぼ同じころ、米国の中でも先陣を切って電力自由化に踏み切ったカリフォルニア州で、00年夏から翌年冬にかけて深刻な電力危機が発生した。これは日本でも驚きをもって受け止められた。

同州は全米でも高水準にある電気料金を下げることを目的に、98年に州内の私営電力会社の営業区域において電力小売を全面自由化した。独立系統運用機関（ＩＳＯ）と卸電力取引所（ＰＸ）が新たに設立され、大手の私営電力3社は自由化によりコスト回収が難しくなると目された電源コスト（ストランデッドコスト）を競争中立な方法で回収することを認められる一方、ＰＸでの競争が機能するよう、既存の発電設備の売却を求められた。

結果的に発電設備は簿価の数倍で売却できたとされ、ストランデッドコスト回収の一助となった。発電所を売却した3社は新設のＰＸからの電力購入が義務付けられ、同時に小売料金が凍結された。これは小売料金の上昇を防ぐ目的ではなく、ＰＸでの競争によって、電力価格が低下することを想定していた。大手3社の利益が増え、その一部をストランデッドコスト回収に充てる皮算用であった。

しかし、そのような皮算用に反して、00年の夏に電力需給が逼迫し、ＰＸ価格は暴騰する。その理由については、猛暑であったとか、ＩＴバブルのさなかで電力需要が伸びていたとか、それにもかかわらず環境規制の厳しさから発電所投資が進んでいなかったとか、当てにしていた他州からの輸入電力が渇水や送電設備の未整備により十分活用できなかった、などと当時は言われた。

ＰＸの価格が暴騰しているのに、小売料金を凍結されている電力２社は、赤字を積み上げながら電力供給を続けることを余儀なくされた（１社は価格凍結を途中で解除）。それが、債務不履行の恐れから発電会社による売り渋りを呼び、さらに需給が逼迫、輪番停電も頻繁に実施された。

その結果、大手３社の一角であったパシフィック・ガス・アンド・エレクトリック（ＰＧ＆Ｅ）が01年４月に倒産、電力自由化は中断され信用が大きく毀損（きそん）した民間電力会社に代わって州政府が電力を調達する体制に移行、グレイ・デービス州知事はリコールされた。他州の自由化の動きにも大きくブレーキがかかった。現在でも米国で電力小売自由化を実施している州は半数以下である。

電力自由化で先頭集団にいたと思われたカリフォルニア州の混乱は日本でも大きな話題となった。電力自由化は間違いという意見も当然に出たが、部分自由化開始後も早々に議論の再開を目指していた経済産業省と複数の経済学者の受け止めは、「制度設計に失敗したのであり、自由化そのものが否定されたわけでない」といったものであった。

それでは、その制度設計の失敗とは具体的に何か。「卸電力価格が上昇したにもかかわらず小売価格が凍結されていたこと」以外に筆者は聞いたことがない。卸価格の上昇に連動して小売価格も上昇すれば、電力消費が抑えられて需給は緩和したはずというものである。２０２１年２月にテキサス州で起きた電力需給逼迫の事例をみても、それだけで輪番停電が防げたとは思えない。

卸価格の暴騰をそのまま小売料金に反映させることが、社会的に受容されるかという問題もある。これについては日本の電力市場でも、20年末から21年初頭にかけて、寒波の襲来と世界規模の液化天然ガス（ＬＮＧ）の供給不足から需給が逼迫し、卸価格の高騰を経験している。そのため、卸価格に連動した小売メニューを選択していた需要家は、通常の数倍の電気料金負担に直面する。この種のメニューは全国で数十万人が選択しているといわれ、これらの契約の行方を観察すれば、答えになりそうだ。

電力危機を巡っては、後になって経営破綻したエンロンが、価格つり上げを狙った市場操作を行っていたことが明らかになる。意図的に供給量を削減する、架空の送電線利用申請で送電混雑を起こさせる、などを繰り返していたことが、破綻後に社内の会話を録音したテープが大量に見つかり明らかになった。このような市場操作を行っていたのは、おそらくエンロンだけではなかったであろう。

カリフォルニア電力危機の最大の教訓は、「意図を持った事業者に悪用されない制度を設計するのは難しい」ということかもしれない。こと、制度設計の過程で利害が対立し妥協が持ち込まれると、隙もできやすくなる。このような隙は、時に安定供給にも影響するから注意が必要だ。

日本でも最近、不完全なインバランス供給制度の隙を突き、意図的に不足インバランスを発生させ、利益を得ていた事業者が問題になった。これは、±３％の閾値（しきい）があった時にも観察された事象だが、閾値が廃止されて影響が無視できなくなったのである。

◆第3次改革始動

2001年11月、第3次制度改革を議論すべく、総合資源エネルギー調査会電気事業分科会が始動した。特別高圧需要家向けの部分自由化の開始から約1年半後のことである。

特高需要家は販売電力量の3割程度を占めるものの、契約口数でいえば1万口程度、価格交渉力もあると目され、経済産業省としては、問題が起きにくい範囲から電力自由化をまずはスタートさせる、という意識だったと想像できる。部分自由化を定めた1999年改正電気事業法でも附則第12条で「政府は、この法律の施行後三年後を経過した場合において、この法律の施行の状況について検討を加え、その結果に基づいて必要な措置を講ずるものとする」と規定され、早期に検証を開始することは既定路線となっていた。

分科会始動の公式表明は、当時の平沼赳夫経産相から定例記者会見で行われた。「小売り部分自由化開始から1年半が経過して一定の成果は出ている。海外諸国の事例も出ており、早期に現行制度の見直しを開始する必要がある」と述べ、カリフォルニア電力危機を意識して「消費者にとっての安定供給を十分視野に入れた検討が必要だ」と付言した。

第1回分科会では、南直哉電気事業連合会会長（東京電力社長）が一般の財と異なる電気事業の特殊性を指摘した上で「公平・公正な競争条件整備は事業者としても重要と認識しているが、電気事業においては、公益的課題を達成する効率的な供給システムが重要だ」と訴えた。

公益的課題とは、「ユニバーサルサービスの達成」「供給信頼度の維持」「エネルギーセキュリティーの確保」「環境保全」の4点であり、電気の特殊性とは、貯蔵が困難で、需要と同量の発電が常時求められること、そのバランスが崩れると最悪広域停電となってしまうこと、設備形成に時間がかかること、需要の価格弾力性が低いこと等である。

当時は、カリフォルニア州の電力自由化が輪番停電の頻繁な実施、大手私営電力の倒産等、大きな混乱に終わった記憶が鮮明な時期であった。そのため、このような電気の特殊性は関係者間でよく共有されていたと思われるし、筆者もよく指摘した。他方、自由化市場での特定規模電気事業者（ＰＰＳ）のシェアは当時まだ０・４％であった。電源確保が自由化開始後1年半の短期間で劇的に進むことはさすがに難しく、この状況での検証は拙速感が否めなかった。

第3次制度改革議論の中で大きな論点は、当時特別高圧需要家約1万口に限定されていた小売自由化の範囲を拡大するかどうかであった。これについて、南は02年4月の第6回電気事業分科会において次のように発言した。「お客さまの選択肢の拡大は望ましいことであり、小売自由化範囲を拡大し、最終的に、一般家庭など小口のお客さままでを対象とした全面自由化を目指すことについて、前向きに対応していきたい。ただし、選択肢と自己責任との関係をどのように考えるか、あるいは安定供給やユニバーサルサービスといった公益的課題を達成できる方策について合意が得られるか、ということが重要と考える」

そして公益的課題の達成について、「海外の事例を見ると、『長期的な安定供給を確保する』という視点がともすれば見失われがちであり、設備建設を促すインセンティブというよりも、むしろ使命感や責任感をもつような仕組みが必要」と主張した。それは一般電気事業者については「責任ある事業者による発送電一貫体制」を維持することであり、新規参入してくるＰＰＳについては、「発電と小売との関係が特定され、供給する責任主体が明確となる仕組み」とすることである。この「発電と小売との関係が特定されるしくみ」は第3次制度改革議論を通じて電事連の最大のこだわりであった。

最終的に全面自由化を視野に入れながら、できるところから段階的に自由化範囲を拡大していくというのは、おそらくは分科会委員が共有していた相場観であり、この発言で自由化範囲の論点については、流れが決まったと言ってもよいだろう。

ただし、南本人は、委員の相場観を代表して述べたような意識はなかったようで、後の電気新聞の取材に対し、全面自由化を志向する理由について「競争市場に身を投じていないと、われわれの経営努力が決して評価されない」と答えている。

他方、この南発言に対しては、「現状の制度のまま全面自由化すれば、規制なき独占になってしまう。発送電分離が必要だ」との意見も出た。経営努力によって競争に打ち勝っても、立場が違えば評価されるどころか規制なき独占と映る。全面自由化が実現し、新規参入者のシェアが20%を超えた今でも経過措置料金規制は残置されたままだ。現実は難しい。

◆「エネルギー政策基本法」成立へ

２０２１年初頭の電力需給逼迫は記憶に新しいが、今から20年以上前にこの事態を予告し警鐘を鳴らしていた電力人がいた。東京電力副社長から参議院議員に転じた加納時男である。

電力自由化の旗手として脚光を浴びていたエンロンが跋扈（ばっこ）していた時代、それ故に安定供給と環境適合性を大前提に据えた議員立法を仕掛けたのである。当時、電力自由化阻止法と一部メディアにやゆされた「エネルギー政策基本法」は、加納の参議院議員時代の大きな業績と言える。

加納の公設第一秘書として政策面を支えた市村健（現エナジープールジャパン社長）は当時をこう振り返る。「加納が最初に考えた議員立法は洋上立地に関する基本法だった。電源立地が進まない中で、政治がサポートできることを常に考えていた」。市村から提供を受けた当時のメモには「大都市周辺の海岸線の埋め立てにより、空港・廃棄物処分場・

発電所等の建設を推進。具体的にはマリンフロート、人工島等による海上電源立地などの実現に向けた法整備」とあり、立法目的の一つは「新空間の創出（浮体式海洋構造物、沖合人工島等）、およびその多目的利用（発電・エネルギー貯蔵、廃棄物処理、防災、居住、アメニティー）」と銘打っていた。海洋産業研究会や経団連と連携しながら「01年１月通常国会での議案提出に向けて法案内容を詰め、着々と根回しを進めていた」のである。

しかし、１９９９年９月30日の東海村ＪＣＯ臨界事故で、当該法案の国会提出は頓挫した。「当日、加納は議員派遣で欧州へ飛び立った直後だった。不在中に指示を受けていた自民党政務調査会との議員立法協議を進めていた最中に科学技術庁（当時）から第一報を受けた。直感で〝兎に角日本に戻って頂こう〟と直ぐに連絡を取り、とんぼ返りして頂いた。その後の一カ月は、議員も私も不眠不休だった」と市村は述懐する。

加納が当時、支援者に送ったあいさつ状には「国会議員としての念願であります『海洋空間利用基本法（仮称）』につきましては、９月に素案を取りまとめた後、賛同議員等への根回しを含め議員立法化に向け実質的な活動を開始する予定でございました。が、９月30日に発生しました東海村臨界事故は内外に多大な影響を及ぼし、自身も自民党事故対策本部委員としてマスコミ対応等に日々追われ、今日まで議員立法化の作業が滞りましたことを申し訳なく思っております」とあった。

一方、加納はやはりＪＣＯ事故以前から、別の議員立法に向けた取り組みを始めていた。それがエネルギー政策基本法である。その大きな契機となったのは、当時の東京電力社長だった荒木浩が、99年6月電気事業連合会会長の退任あいさつで発した言葉だった。「原子力や新エネルギーなど全てを抱合し、将来のビジョンを示す『エネルギー基本法』のようなものが実現できれば有り難い」。市村によれば、移動の車中でこの話を伝えたところ、加納は目を輝かせて「やろう」とつぶやいたという。

エネルギー基本法の法案提出の動きは、ＪＣＯ事故対応が徐々に落ち着きを取り戻す99年末に一気に加速する。市村の当時のメモによれば、同年12月に開催された参議院自民党政策審議会「環境・エネルギー委員会」の席でのろしが上がった。加納は「エネルギー政策を〝ぶつ切り〟で検討するのではなく、横断的に基本に返って議論すべき。火力・水力・原子力そして新エネルギーの光と陰を検証し、おのおののソースの長所を生かしながら、日本の国是にあったエネルギー政策の根幹を法制化すべき」と発言している。

市村は「加納は興に乗ると『フランスは資源は無いが知恵がある』という言葉をフランス語で口にしていた。石油ショック時のフランス政府のスローガンで、日本も同じなんだ、と。第二次石油ショック当時の大平内閣で政策ブレーンを担った加納には、自由化も大切なコンセプトだが、天然資源が豊富な米国と日本は異なる事情があり、何よりもエネルギー安全保障の重要性が常に念頭にあった」と述懐する。同時期の参議院経済産業委員会で当時の河野博文資源エネルギー庁長官は、「（基本法構想は）あらゆる視点から、不断にエネルギー政策を検討するに当たっての重要な課題」と加納の質問に回答している。

翌2000年には、いよいよ自民党が動いた。「石油等資源・エネルギー対策調査会」の下に「エネルギー総合政策小委員会」が設置される。これまで、石油の安定維持、規制緩和、省エネルギー・新エネの推進、原子力安全規制・防災対策など、個々のテーマに対し適切に対処してきたが、エネルギーに関する中長期的な総合政策を討議することが必要との認識に至り、当委員会が設置されたのである。人事は委員長に甘利明、顧問は梶山静六、中山太郎という重厚な布陣、そして事務局長には加納が就いた。舞台は整った。

加納を事務局長とする「エネルギー総合政策小委員会」の主目的がエネルギー基本法の成立であることは、誰の目からも明らかだった。そのくらい、加納の熱意はすさまじかった。00年4月20日から計7回の議論を経た後、5月24日に「第一回・中間報告」を取りまとめ、同日、深谷隆司通産大臣（当時）に提出した。市村のメモには「短期間でこれだけの内容を取りまとめいただき感謝。政府のエネルギー政策の羅針盤として、今後も議論を引っ張っていただきたい」との大臣コメントが残されている。

以降、01年4月までに合計29回の会合を重ね、その間、さらに2つの中間報告をまとめるとともに、29回の論議の総括として「エネルギー総合政策・七つの提言」「エネルギー政策基本法（仮称）制定要綱」を、同小委員会の全会一致で採択するに至る。

「加納の指示は明確だった。各種要望は極力全部取り入れること。基本法なのだから政策目標の数字合わせはしないこと。そして、ここが重要なのだが、第2条2項と第4条の本質は譲らないこと。ここには鬼気迫るものを強く感じた」と市村は述懐する。2条2項とは「他のエネルギーによる代替又は貯蔵が著しく困難であるエネルギーの供給については、特にその信頼性及び安定性が確保されるよう施策が講じられなければならない」。つまり電力は安定供給が第一義という加納の哲学が色濃く反映されている、と市村は言う。市場原理の活用をうたう4条でも「前二条の政策目的を十分考慮しつつ、事業者の自主性及び創造性が十分に発揮され、エネルギー需要者の利益が十分に確保されることを旨として、規制緩和等の施策が推進されなければならない」として、安定供給と環境適合性が前提であることが明記された。当時、一部の国会議員から否定的な意見も出たが、加納はここだけは譲らなかった。エネルギー政策は〝二等辺三角形であるべきか〟という議論を巻き起こしたゆえんはここにある。

02年6月に成立した「エネルギー政策基本法」はエネルギー基本計画の根拠法として、文字通りわが国エネルギー政策の憲法としての役割を果たしている。その一方で、年初来の電力需給逼迫を、泉下の人となった加納はどのような思いで眺めているだろうか。後事を託された現世代への重い課題である。

◆中立機関ＥＳＣＪの設立

第３次制度改革の基本答申である電気事業分科会報告が２００３年２月に取りまとめられた。冒頭の「基本的な考え方」で、前年に成立したエネルギー政策基本法に言及し、「エネルギーの安定供給の確保」、「環境への適合」を図り、エネルギー市場の自由化等の「エネルギーの需給に関する経済構造改革」については、前二者の「政策目的を十分考慮しつつ、事業者の自主性及び創造性が十分に発揮され、エネルギー需要者の利益が十分確保されることを旨として」進めることをうたっている。

その基本方針の具体的な姿は、一言でいえば、発送電一貫体制を堅持した一般電気事業者が原子力発電を推進するとともに、安定供給を確保することであった。そのことに言及している報告書の箇所を少し長いが引用する。

「電気事業制度の中核的役割を担う一般電気事業者には、エネルギーセキュリティー及び環境負荷の観点から優れた特性を有する原子力発電や水力発電等の初期投資が大きく投資回収期間の長い長期固定電源の推進に向けた取り組みが引き続き期待される。特に、原子力等の大規模発電事業を推進するためには、送電事業との一体的な実施が求められることを踏まえると、現行の一般電気事業者が、引き続き重要な役割を果たすことが期待される」

「段階的な自由化範囲の拡大過程においては、引き続き規制部門の需要家が存在することとなるが、かかる規制需要家への確実な電力供給は、規制部門における独占的な供給者としての位置付けにある一般電気事業者が、現行制度と同じく、約款の認可及び届出・変更命令等の適切な規制の下、責任を持って行う必要がある。一方、自由化分野における需要家向けの最終保障については、現行制度と同様に一般電気事業者が対応することが適切である。この意味でも、発電から小売まで一貫した体制で、規制需要等に対し確実に電力供給を行う『責任ある供給主体』として、一般電気事業者制度の存続が求められるといえる」

しかし、このような期待が込められた報告書とは裏腹に、東京電力の原子力発電所は、前年に発覚した自主点検報告の改ざんの影響で03年夏は多くが停止、電力不足に見舞われている。その後も、中越沖地震、東日本大震災と5年程度の周期で大きなトラブルがあり、原子力は実質安定電源たり得ていない。

発送電一貫体制を堅持する中で、送配電部門の公平性・透明性をいかに担保するかは第3次制度改革の最大の論点といってもよかった。出された答えは、中立機関の設立と行為規制（情報遮断、内部相互補助の禁止、差別的取扱いの禁止の3点）の法定化であった。

中立機関の役目は、送配電分野における系統アクセス、設備形成、系統運用、情報開示等に関する共通のルールを作成し、一般電気事業者はそれに基づいて各社の事情を勘案した運用を行い、その運用がルールに則っているかどうかを中立機関が監視するというものである。行政が事細かにルールを設定するのは現実的ではないし、「民間による自治に委ねて規制は最小化」という当時のある種の流行にも乗ったものであった。行政の役目は機関の運営の中立性を監視するところであり、それは機関の議決において、一般電気事業者、特定規模電気事業者（ＰＰＳ）、卸・自家発、中立者（学識者）の４グループが均等に議決権を持つことで担保された。

法人形態は中間法人が採用された。中間法人は同窓会など営利も公益も目的としない団体が法人格を持つための枠組みとして、02年に法定されたもので、議決権を任意に設定できるところが、中立機関のコンセプトに合致していた（06年の法改正で一般社団法人に移行）。

こうした理念の下、中立機関「電力系統利用協議会（ＥＳＣＪ）」は、中央電力協議会の業務を一部再編、引き継ぐ形で04年２月に設立された。理事長には、東京大学名誉教授・東洋大学教授（当時）の植草益が就いた。

ＥＳＣＪは、震災後の制度改革の結果、より政府の関与を強めた電力広域的運営推進機関の発足とともに廃止となる。震災後の制度改革議論では、ＥＳＣＪは機能していない、事務局が電力会社の出向者で占められているからだ、権限がないからだ、との意見が多数いわれた。しかし、実際は中立性・公平性・透明性を配慮した運営ルールがあり、行政の事後監視が可能な仕組みであるので、むしろ各関係者にＥＳＣＪを使う、あるいは機能させる努力が不足していたように思える。

特に「送配電部門の中立性に疑義があるとの指摘（事業者の声）」といった資料も当時の委員会事務局から出て来たが、これらをいいっ放しで放置し、ＥＳＣＪを用いて深掘りしようとしなかった資源エネルギー庁事務局の姿勢は、自ら作った制度を自らスポイルしようとしているように筆者の目には映った。

◆卸電力取引市場と「責任ある供給主体」論

電気事業分科会報告書に「責任ある供給主体」という言葉が出てくるが、第３次改革議論において電力会社は、新規参入者に対しても相応に「責任ある供給主体」たることを求めようとした。これは、２００２年４月の南発言で「発電と小売との関係が特定され、供給する責任主体が明確となる仕組み」が重要であると指摘されたことにも通底する。

この主張は、それなりに理屈が通っていると思う。これまで規模の経済性などを背景に地域独占体制をとってきた電気事業が自由化された背景に、発電分野の規模の経済性の消滅あるいは低下がある。すなわち発電所は誰でも作れると思って自由化したのだから、新規参入するなら自ら保有するか相対契約で電源を確保して参入せよということだ。送配電のように発電分野までイコールフッティングが求められるとしたら、電気の小売を差別化するのは営業費の違いだけになってしまう。電気料金の数%を占めるにすぎない営業費で競争をして何の意味があるか。

とはいえ、この考え方は新規参入促進を重視する論者とは相いれないところがある。日本の制度改革議論の歴史は競争活性化の掛け声の下にこの考え方が後退していく歴史ともいえる。そして最近では、卸電力へのアクセスのイコールフッティングのためとして、発販分離の議論が出てくるまで至っている。

振り返ってみるに、責任ある供給主体論の最初の後退が起こったのが、卸電力取引市場整備を巡る議論である。

海外事例に倣って卸電力取引市場を整備することが論点となったとき、一般電気事業者は以前から存在する経済融通を発展させることを主張した。経済融通とは、電気事業者間で、お互いに自らの需要に応じた供給力を確保したうえで、限界費用の低い発電設備に余裕がある事業者がいたとき、当該電源の出力を上昇させ、他社の持つ限界費用の高い発電設備の電気と差し替える仕組みである。これにより、電力システム全体の効率が高まる。

電力は第３次改革議論が始まる前から、この経済融通の仕組みを特定規模電気事業者（ＰＰＳ）に開放し、いくらかの参加もあったようである。しかし、事前の供給力確保を参加要件としない取引市場を望む声は強く、海外では標準的な、スポット取引と先渡取引を扱う卸電力取引市場の整備が決まった。

こうして、日本卸電力取引所（ＪＥＰＸ）が設立され、05年4月から取引を開始した。卸電力取引市場は、自らの需要に対応する供給力を確保し、責任ある供給主体同士の経済融通に慣れた電力会社には活用するインセンティブが乏しい。投入した電気が自分の需要を奪われる原資として戻ってくるからだ。他方、ＰＰＳの多くは供給力の調達手段として期待していたし、識者は投資判断の指標として市場を機能させるべく、十分な流動性を求める。

分科会では電力会社による強制玉出しを求める意見も出たが、最終的に「初期投入する電源の考え方を電力会社が自主的に表明し、実績投入量（マクロベース）及び成約量に係る統計値を公表する等の方法により事後検証する」ことで落ち着いた。

自主的表明とは、鎌田迪貞九州電力社長による次の発言である。「取引所設立当初は、自社の供給力確保、電力系統全体のバランス維持など安定供給確保を大前提に、経済合理性に基づき、数日間で立ち上げ可能な電源、短期間で起動ができ出力が増やせる電源を市場に投入すべく最大限努力する」

その一方で、次のように付言している。「電力取引は相対が中心で、卸電力取引所の整備はそれを補完するもの」「卸電力取引所からの調達に過度に依存すると需給のミスマッチが起き、容量不足が生じる恐れがある」「相対取引でお客さまに必要な電気を確保した上で取引所に参加することが、責任ある事業者には求められる」

これらは、ＰＰＳが今後も「責任ある供給主体」であることを願った発言と理解される。分科会報告にもこの趣旨は次のように記載されている。「電気の特性を考えれば、事業者による電源の調達は、引き続き自己保有又は長期相対契約によるものが中心と考えられるが、上記のとおり、卸電力取引市場の整備は、これらを補完するものである」

残念ながら震災後の新規参入促進に大きく舵を切った制度改革議論の中では、これは顧みられなかった。様々な理由で、日本卸電力取引所スポットは低価格安定の市場となり、そこに大きく依存する事業者が多数参入した。

そんな中で20―21年冬の需給逼迫、市場価格高騰である。備蓄が難しい液化天然ガス

（ＬＮＧ）に過度に依存する脆弱な電源ミックスという大きな課題が顕在化した一方、一部事業者の救済要望に少なからぬ人的資源が割かれている現状がある。「責任ある供給主体」論が生きていたらどうなっていたか。

第３次制度改革の基本答申である電気事業分科会報告書は、発送一貫体制の一般電気事業者を堅持するとともに、それらが安定供給を中心的に担うことへの期待を表明している。それと同時にＰＰＳにも「お客さまに必要な電気を自己保有電源と相対契約でおおむね確保する、責任ある事業者」であることを期待していた。

既存電力会社以外でも発電所の建設は可能だが、楽な仕事ではないので、この考え方をとる限り、ＰＰＳのシェアはなかなか大きくならない。これは、新規参入促進を重視する論者には評価されないであろうが、筆者はこれはこれで悪くない考え方だと思っていた。

ＰＰＳのシェアが小さいままであれば、一般電気事業者は安定供給を中心的に担うことが可能である。シェアの小さいＰＰＳは、一般電気事業者が経営努力を怠らないように、刺激を与え続ける存在として期待する。

ＰＰＳのシェアが小さければ、構造的な発送電分離は必要ではない。ＰＰＳのシェアが小さいのは電源の調達に制約があるからであり、発送電分離をしていないからではない。

ＰＰＳが自分の義務、つまり自らの需要に対し調達した供給力を用いて30分同時同量という疑似的な同時同量を守れば、系統全体の需給運用は一般電気事業者に安心して任せればよい。わざわざ分離して、取引コストを発生させるのは時間とお金の無駄である。

「一般電気事業者が安定供給を中心的に担う」仕組みは、ＰＰＳのシェアが小さいからこそ可能になる。とはいえ政府がＰＰＳのシェアを抑制してくれるわけでもないので、この安定供給の仕組みは、一般電気事業者の善意に頼っている仕組みであったといえる。

そういうことであるので、東日本大震災後、政府の自由化政策が新規参入拡大の方向に大きく舵を切った後は、この「一般電気事業者の善意に頼る安定供給の仕組み」は必然的に見直すことになる。電力システム改革専門委員会報告書（13年）に「新たな枠組みでは、これまで安定供給を担ってきた一般電気事業者という枠組みがなくなることとなるため、供給力・予備力の確保についても、関係する各事業者がそれぞれの責任を果たすことによってはじめて可能となる」と書いてある通りである。いつまでもお客さんでは困るということだ。今後順次実装される容量市場や需給調整市場に、各事業者がどう貢献するかが今後問われるだろう。

第4章

自由化スタート期

執筆　西村　陽

2000年 - 2010年

◆「卸電力配給所」

本書も具体的に日本で電力自由化が始まり、進行していく時期にさしかかっている。その際、一つの参考として2020年末~21年初頭の電力需給逼迫と市場混乱とを関連づけながら、当初の市場や制度の作り方に「隙」や「盲点」はなかったか、という検証とともにいくつかの論点を考えてみよう。

第3章で戸田が触れたように、当該の時期、事前に予想がつかなかった厳寒・曇天の中で太陽光発電の出力が低下し、コロナ禍下のステイホームによって電力需要が業務用・産業用・家庭用のトリプルパンチで伸びた上、暖房電化の進行もあり、電力需給が逼迫した。さらに、液化天然ガス(LNG)の在庫不足によって発電容量は足りているのに、それを長時間維持するための発電能力に不足が生じた。また20年春からの長期的なコロナ禍による電力・発電用燃料の需要低迷で電力取引市場の価格が大幅に下落した結果、販売する電気の大宗を一日前市場からの調達に頼る小売り電気事業者が大量に現れ、それらはいわゆる「玉切れ」を起こした卸市場の価格高騰によって、経営危機と消費者への値上げ通告による混乱を招いた。

規制・独占の時代には発電事業者も小売り事業者も基本的に各エリアに一人しか存在しないので、異常気象や予備力不足の懸念に対する備えはシンプルであり、十分な発電能力と燃料を持つことだ。その中身は総括原価主義の中で決められる。卸電力市場が短期では存在しないので市場の混乱も起きようがない。

これを自由化の枠組みに変えた時、市場や新たなルールという道具を使って参加プレーヤーによって異常気象への対応や予備力不足への手だてを講じておく必要があるのだが、ここでの原則は次のようなものだと考えられる。

①市場とは取引される財・サービス（電気）の価格が上がり下がりすることで参加者の行動を変え、資源配分を効率化するものだ（図４－１）。

②電気の場合、競争は財・サービスの供給システムの安定性確保を前提に進められる必要がある。

このうち②は多くの人の合意と納得を得られるものだが、①はどうだろうか。市場は配給所ではなく、参加者を価格シグナルによってある時は助け、ある時は警告し、行動を促

〔図4－1〕

市場（価格メカニズム）の基本機能

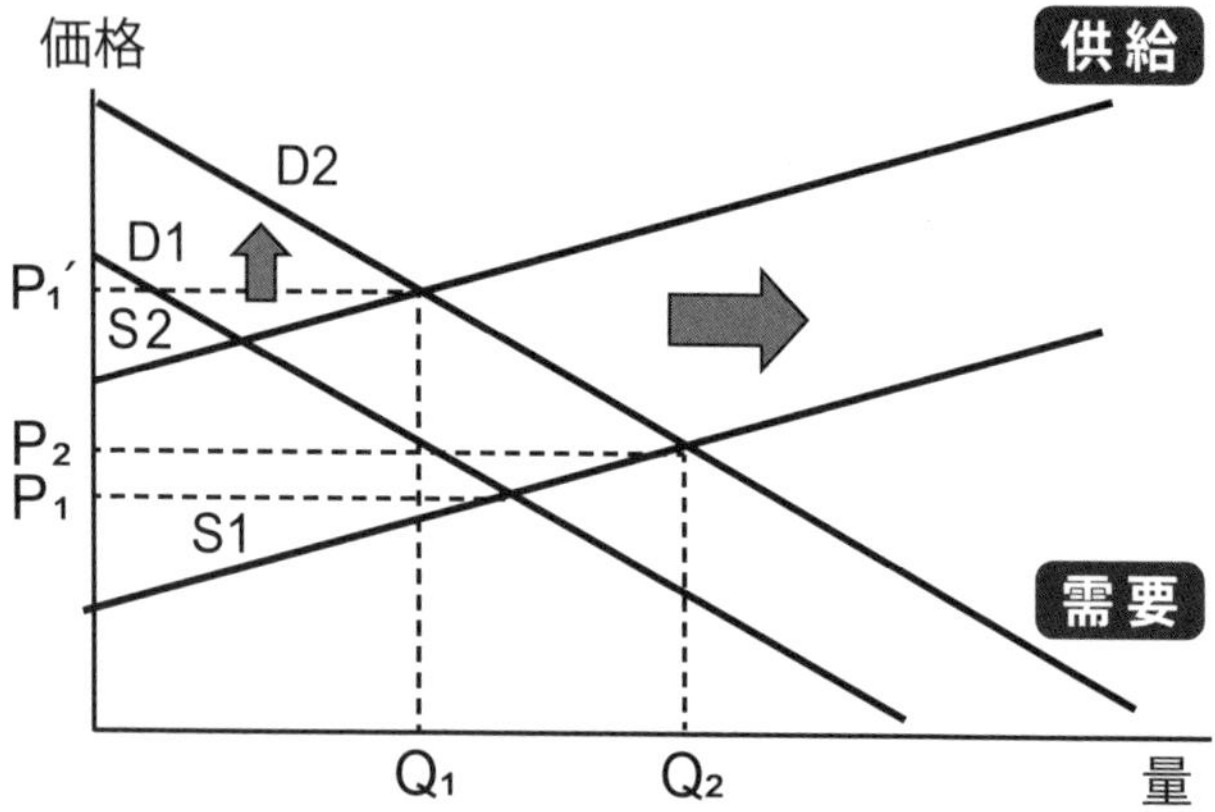

すものだと00代初頭の電力制度設計者たちは果たして分かっていただろうか。

というのも、00年代に日本で計画された卸電力取引市場はそうしたものではなかったからである。

前章で、9電力会社間の経済融通を拡張した市場取引が否定され、何も相対取引契約や発電能力を持たないプレーヤーが電気を買える卸電力取引が選択された経緯は既に説明したが、その論理は「小売市場の自由化が決まった」⇓「小売に新しいプレーヤーが登場する必要がある」⇓「電源の建設・保有は難しい」⇓「9電力会社の電気を他のプレーヤーに直接渡さなければ競争の姿にならない」

⇒「卸電力市場が必要だ」という流れだったと推察できる。そして、こうしてできるものは市場ではなく配給所である。
この思想が12年以降の可変費投入や取引価格の過剰な非対称規制につながり、ひいては市場調達依存プレーヤーの大量発生による20－21年冬の混乱の原因となるのだが、東日本大震災後の様々な制度のひずみを勘案しても、出発点はこの「市場」に対する認識の根本的な不足であることを指摘せざるをえない。

◆フィジカルとファイナンシャル

「自由化当初は小売プレーヤーが足らない」という問題には、実は強力な処方箋がある。米国での電源流動化がそれであり、全ての電源を流動化するのが発電と小売を切り離すパワープール、量を決めて売却やレンタルを規制当局が促すのがいわゆるダイベスチャーである（もともとほとんど国営である欧州はこの議論の枠には入らない）。

パワープールでは、全ての発電所で作られた電気はＩＳＯ（独立系統運用機関）の運営する一日前市場か予備力市場に入札され、小売事業者はそこから地域ごとの単一価格でしか電気を買うことができない。逆に言うと誰でも買うことができるので参入は非常に容易であり、実際自由化後は多くの参入者が現れた。一方大手電力会社は自社の優秀な電源で小売と金融的ヘッジ（パワープールの市場価格の上下によって変動しない安定取引のための相対契約）を行い、有利な地位を築いている。そして、このパワープールでは電力システムを実物（フィジカル）と市場・取引（ファイナンシャル）に分けるのだが、それはどんなことだろうか。

言うまでもなく電力システムとは、数多くの発電機が同じ交流波によって同期（シンクロ）し、瞬時に需要との同時同量を達成しながら電気を送る機能を維持し続ける一種のアーキテクチャー（構造）である。そのためには作り、送るインフラと時間的継続を約束する量（火力発電機で言えば燃料）が必要であり、これらは独占時代でも自由化時代でも同じである。

「停電の頻発を許容する電力自由化」というものが存在しない以上、これは決して自由化によって変わってはならない。これが電力システムにおける「フィジカル」である。

もちろん自由化によって不稼働設備や余剰設備は電力システムから除かれ、全体の効率に貢献しないようなインフラ（具体的には費用が高くつく発電機）も退場することになるが、その退場によって電気を送る機能が損なわれるような事態は回避されなければならない。発生確率が低いこのピーク時の備えが「フィジカル」の重要なポイントであることは留意が必要である。

一方「ファイナンシャル」とは独占時代には存在しなかった卸電力市場、小売電力市場、取引、顧客の選択、競争といった経済活動や行動を伴う事項のことである。発電事業者にあっては卸市場（対自社グループ販売であれ、相対であれ、短期の卸市場であれ）との取引が、小売事業者にあっては卸市場からの調達（自社グループからの調達であれ、相対調達であれ、短期市場調達であれ）と価格やサービスの競争が発生する。

世界の中でも米国は、電力自由化に際してこの2つを峻別して論じることを徹底している。自由化初期に日本の電力会社が米国に調査に行き、「送電線を新規参入者に開放することによって安定供給は揺るがないか」という質問をすると、「何を言ってるんだお前は」と奇異の目を向けられたのはこのせいである。そして、フィジカルに影響を与えないように新規参入や競争、市場の仕組みを設計し、そのルールによって動かすのが自由化なのである。

電気の物理的な供給システムをフィジカルと呼び、自由化に伴って現れる市場や電気の取引、競争の世界をファイナンシャルと呼ぶのは、電力自由化にかかわって海外調査に行ったり、欧米自由化地域の人々と意見交換したりした経験のある電力関係者にとっては常識であるはずだったが、これが当時の日本の電力業界にとっては相当ハードルが高かったようだ。英国自由化当初大手電力会社からロンドンに駐在していた阪本周一は「ほとんどの人は来英してから帰国するまで、フィジカルとファイナンシャルがなんのことか分からなかったのではないか」という。

おそらくその理由は、堅牢な垂直統合で、発電も送配電インフラも自分のもの、という状況しか知らなかった日本の電力関係者にとって、自由化とは「自分のものである電気の物理的・経済的な流れの一部に、他の者が入ってくる」というものに他ならなかったからではないかと思われる。

欧州でこの思想に非常に近い国が、強い価格競争力と優秀な原子力発電を所有する国営公社を持つフランスであった。ここでは自由化当初、やはり「自分たちの電気事業に他者を入れる」という形の「シングル・バイヤー・システム」という漸進的な自由化が指向されたが、EU指令とEU当局の圧力によってその防壁が崩れていった。

同じような考え方の言葉にサードパーティーアクセス（TPA）というものもあり、現在の日本でも「託送」という言葉にこの概念の名残が見られる。

自由化当初、電力の規制当局を持っていなかったドイツ（現在のネットワーク規制当局であるBnetzAは05年設立）では、大手電力8社が相対交渉で託送料金を決めて第三者が垂直統合電力会社の送電線にアクセスするやり方で小売自由化を進めるというこれも漸進的な改革の枠組みをとったが、これも需要家である産業界の圧力であまり意味のある定義にはならなかった。

つまり、垂直統合電力会社のインフラを共有して競争システムを導入する時の仕組みは必ずオープンアクセスになり、ネットワーク利用は公的監視の下で行為規制が必要になる。今日になればだれでも知っていることであり、そうなった際にプレーヤーを律するファイナンシャルのルールをどう設定し、それがフィジカルの健全性をいかに邪魔しないかがポイントになるわけである。

◆バランシンググループ制度の弱点

2000年代の自由化当初、「発送電分離か9電力体制維持か」「どの範囲を自由化するか」という論点に興味を持ったものは多かったが、電力システムをフィジカルとファイナンシャルに分けて考える、さらにそれらを明確に分けたパワープールという手法と、フィジカル・ファイナンシャルを峻別せずに時間軸上の責任主体で考えるBG（バランシンググループ）という手法をどう比較するかという議論は、日本ではまったくされなかった。

そもそもBG制度、という言葉が存在していなかったし、パワープールの仕組みは当時の日本には難易度が高すぎた上に、1990年代に価格の高止まりという散々な失敗を演じた英国イングライド・ウェールズの強制プールと混同して論じる向きさえあった（04年に英国はNETAによるBG制度に移行している）。つまり、日本は「BG制度を選択した」という共通認識もないままに選んだ、ということになる。

BG制度では発電事業者・小売事業者がある時刻での発電計画・小売計画を系統運用者

〔図4－2〕

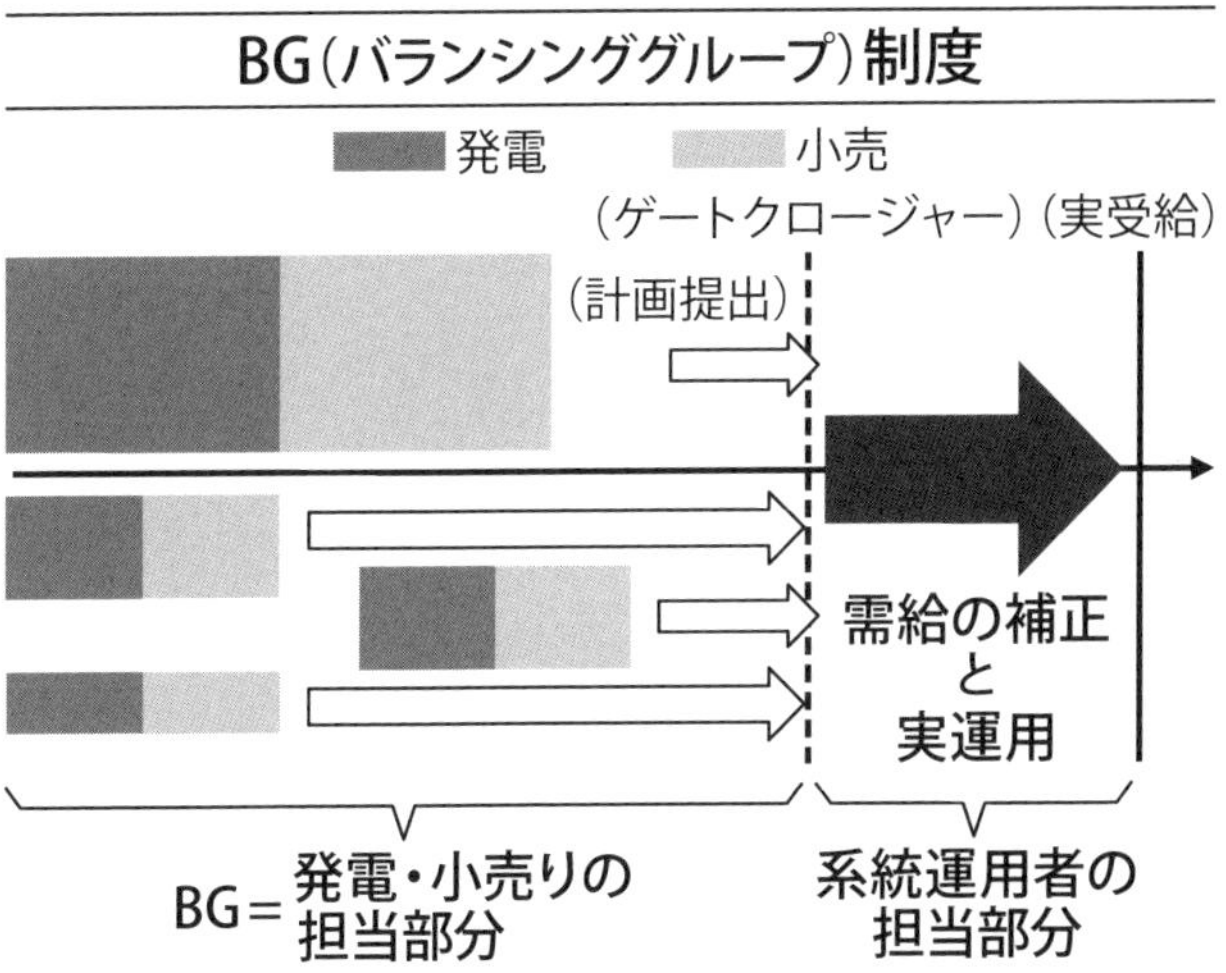

に提出する。その上で、計画提出と市場取引が締め切られるゲートクロージャー（日本ではゲートクローズ）と呼ばれる時刻から実際の需給時点までに、系統運用者が実際の瞬時同時同量を実現するための発電量の修正を行った上で電力の安定供給を行う。このようにＢＧ制度は時間軸上で責任主体を分ける制度である。（図４－２）

ここでは「発電・小売」する者から「実運用」する者の間に受け渡しがあるが、実運用する者は発電・小売計画を実行するものに関するすべての情報や計画を差配する権限を持っているわけではない。このことは平常に電気が届けられている間はほとんど問題にならないが、20年末～21年初のように長い時間軸で考えた燃料不足のような事態や、市場調達を中心にした小売事業者に出した需給計画が実際には「玉切れ」によって達成不可能であるような（実務的には慢性的不足インバランス）事態になった時に、その制度的弱点を認識することとなった。

しかも現時点で日本では容量市場が始まったばかりで、発電事業者はまだ容量支払いを受け取っておらず、小売事業者との同時同量カップリングをしていない発電量を準備する義務は純粋な制度としてはない。つまりこのＢＧ制度を日本に入れるには盲点があったのである。

このようなＢＧ制度の弱点は、もともと理論的には十分予測できたことである。ではなぜ島国であり、だからこそこれまで何よりも安定供給やエネルギーセキュリティーを重視してきた日本で、自由化制度についてこの制度を選択してしまったのだろうか。

一つには当時ＢＧもパワープールもよく分からなかった、という事情がある。米国のパワープールは、自由化よりはるか前の１９２０年代から発電市場で行われていた広域メリットオーダー運用を自由化に合わせて再設計したものであり、日本のように電力会社単位の内部市場（発電指令）しかなかった国で採用するのは困難だった。

もう一つの理由は、ＢＧ制度、つまり当時の言葉でいうサードパーティーアクセス（ＴＰＡ）の拡張（第三者への送電線の開放）の方が、９電力会社が基本姿勢とした「責任ある供給主体」論と折り合いがよかったということがある。ＢＧ制度は発電と小売が完全に分断されるパワープールと違い、「自分の作った電気を自社が売る」という垂直統合モデルを残しているように見えるため、垂直統合電力会社によってシンパシーを持ちやすい制度であった。

初期にＴＰＡのようなあくまで垂直統合電力会社を中心に置いた考え方が存在したことは、既に紹介した。送配電・系統運用部門を会計分離から始めて次第に別組織化する、という手法をとれば一見垂直統合は維持されているように見える。また規制当局にしても、安定供給主体が建前として系統運用者――米国のＩＳＯ（独立系統運用機関）は非営利法人である――になり、規制先にいざという時頼れない状態は不安に見えたことだろう。

こうして日本はＢＧ制度を選び、ほとんどの発電所を持つ９電力会社の競争上の優位も確実なものに見えた。しかしながら、この十数年後、極端な非対称規制によってそれが大間違いであることを思い知ることになるのである。

◆パンケーキ廃止問題

日本の電力自由化の歩みの中で小売自由化が始まる２０００年代にさしかかった頃、世界はＩＴバブルの最中にあり、特に米国経済は好調であった。一方日本は１９９０年代のバブル崩壊の傷が深く、いわゆる「失われた10年」が尾を引きつつあった。

電気事業については米国の各州で自由化が進展しつつあったが、自由化を志向する北東部・テキサスとそれ以外の規制維持州が明確に分かれ始めた、いわばカリフォルニア電力危機後の分かれ目の時期でもあった。カリフォルニア危機で自由化を中止した州はウィスコンシンはじめいくつかあったが、それらは今日でも規制州のままである。一方欧州ではＥＵ指令の下で小売自由化が段階的に拡大し、電力会社のＭ＆Ａが広がった。

そうした中で日本の電力自由化では00年に契約電力２千キロワット以上の特別高圧、04年に５００キロワット以上、05年に50キロワット以上の高圧と小売自由化範囲が拡大し、日本卸電力取引所（ＪＥＰＸ）と中立機関・電力系統利用協議会（ＥＳＣＪ）が設立され

〔図４－３〕

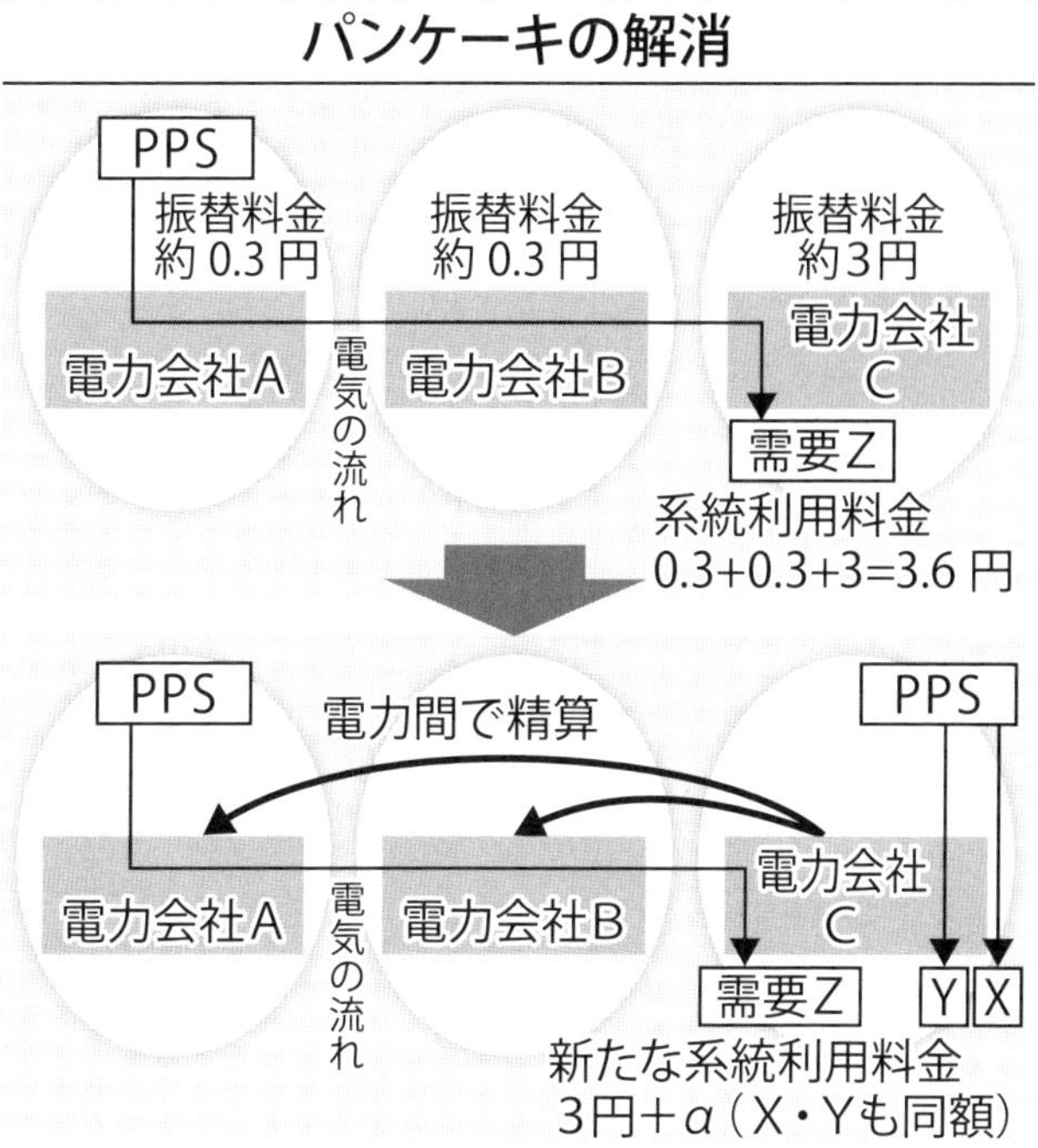

て05年に動き始める等、自由化制度が順次整備されてきた。

この過程で比較的大きな論点となったのが、「パンケーキ廃止問題」（図４－３）と呼ばれる複数の電力会社をまたいだ電気の託送にかかわる問題である。

長距離託送者の負担軽減（電気の送り先での託送課金＋発電地点の軽課金、通過電力会社はゼロ課金）を図るこの制度は、電力会社側の「設備のただ乗りであり、遠隔地電源立地に補助を与えることとなる」という主張を当局の競争促進効果重視の方針が封じ込める形で、廃止が決定した。この施策の裏側には電力間競争によって競争政策の実をとらせてほしいという規制当局の思いと、それに反発する電力各社側の事情があったと思われる。

電力各社は当時自由化地域で唯一垂直統合を維持していたRWEをはじめとするドイツの電力会社に一種の制度的シンパシーを持っていたし、経営者が意見交換する機会もあった。そのドイツでやや破滅的な値下げ競争と産業用顧客の獲得競争が起こり、8大電力が4大電力に集約されたことはある種の恐怖であったし、地域別電力体制の維持を前提に常に考えていた各社にとって電力間競争への拒否感も強かったと思われる。この時期の自由化施策で唯一反発が多かったのがパンケーキ廃止だったというのも、その文脈の中で理解すると納得がいくかもしれない。

◆自由化「凪の10年」

日本の電力自由化の歩みの中で、小売り自由化が始まった２０００年からの10年間は電力各社にとって「凪（なぎ）の10年」であった。制度的には小売り自由化範囲が拡大し、ＪＥＰＸと中立機関の設立をはじめ競争の枠組みが出来上がった10年という見方をすれば、「競争進展の10年」となる。しかし、当時の電力小売り競争は決して活発とはいえず、電力市場全体で言えば「競争が思うように進まず、特に政策当局にとってフラストレーションが溜まった10年」とも呼べる。その背景を見ていこう。

電力取引市場開設から２年を経た06年度の実績で、取引市場での一日前市場での取引量は小売販売電力量の約０・２％であり、新規参入者の市場シェアは１・５％であった。電力取引市場は特定規模電気事業者（ＰＰＳ）の調達の場だったはずが、彼らの調達の５％程度を賄っているにすぎず、常時バックアップが43％、残りが相対調達を含む自社電源であった。20年末～21年初の需給逼迫で半分以上を卸市場に依存している小売事業者が多数存在していたのとは隔世の感がある。その理由は後述するとして、この時期に電源に乏しいPPSが自社調達や卸調達を重視した理由は、00年代に一貫して上がり続け、08年のリーマンショック以降、上昇が加速した原油価格にあった。

発電市場のメリットオーダーと価格は、需給状況と資源価格によって姿を変える。図4－4は需給逼迫、資源高と需給緩和、資源安の発電市場をイメージにしたものだが、電力取引市場には通常、発電事業者が事前に約定している売り先に提供した発電能力の次の追加的な発電単価のものが出されるので、需給逼迫と資源高の下では、買い手は小売の平均価格をはるかに上回る価格でしか買うことができない。これでは小売競争のリソースとしての市場調達はできないので、調整的な取引のための追加購入の場となる。逆に需給緩和・資源安の局面では市場取引の価格は小売の平均価格にかなり近づき、日本の旧一般電気事業者のような電源固定費の回収分を含む小売料金を設定しているプレーヤーが多ければ、場合によって小売平均価格を下回ることになる。

つまり、需給がそれなりに引き締まり、資源高が続いた00年代は、始まったばかりの日本の自由化とPPSにとって冬の時代だったのである。

00年代後半、特に08年のリーマンショック後の原油高は、連動した輸入LNGの価格上

〔図４－４〕

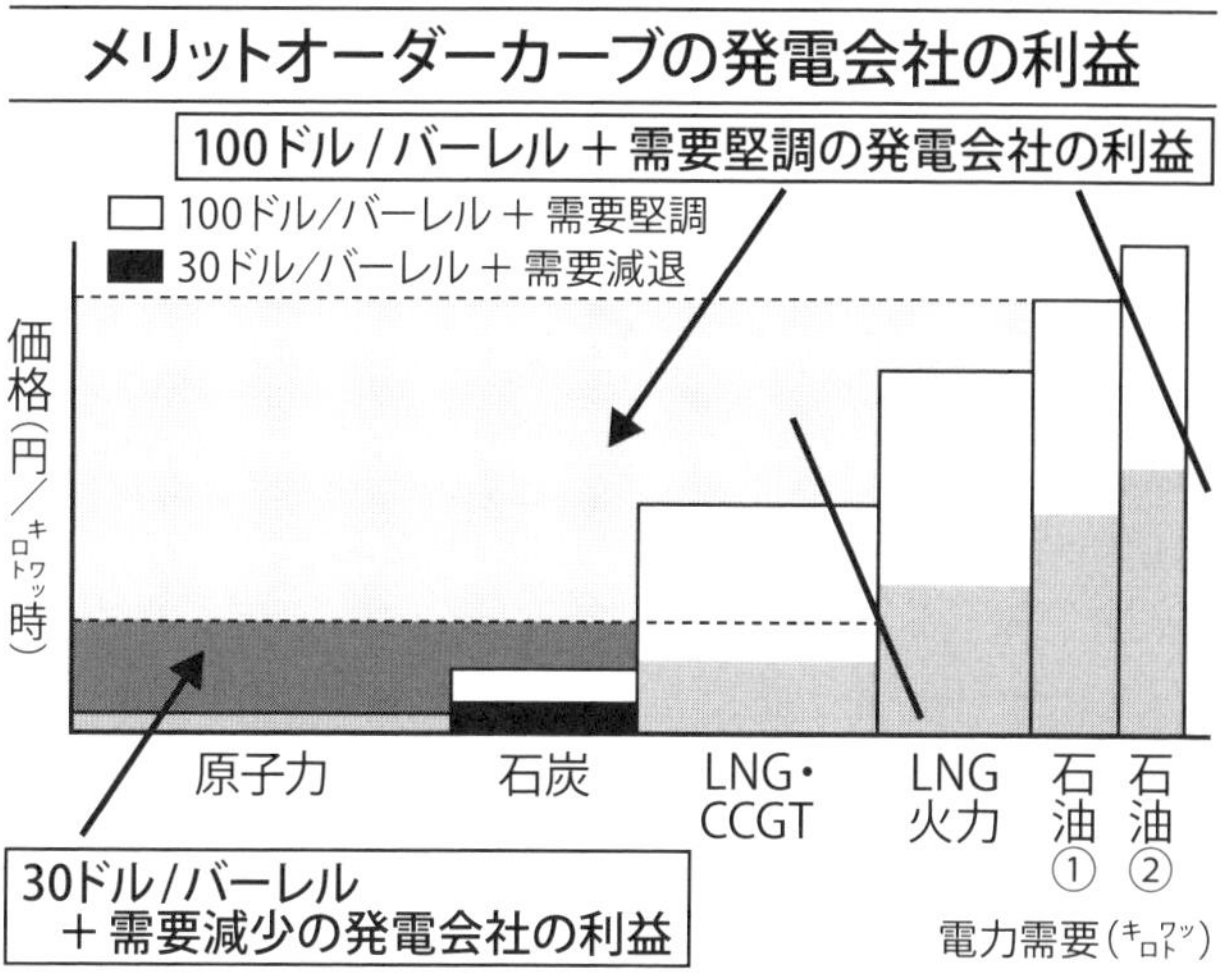

昇もあって、新規参入者であるＰＰＳにとっては極めて厳しい経営環境であった。当時の経営環境と苦労について、小売自由化から継続して小売電気事業経営を続けている数少ない経営者であるイーレックス社長・本名均は、次のように振り返る。

「私は最初から発電・小売一体が電気事業への新規参入の基本だと思っていた。電力は基盤産業なので、当然一定の産業資本は必要であり、創業時からいかに電源を確保し、システム投資をして実需同時同量を実現するかに力を入れた。リーマンショックではＬＮＧで痛い目に遭い、産業用自家発に活路を求めて懸命に電源確保をしてきた。電力各社とはそれは当初は顧客争奪でいろいろあったが、部分供給のような仕組みも認めてもらい、高圧の競争はちゃんと容認してもらった面もあったと思う」

「社会人生活を振り返ると、石油ショックがあり、価格低落の時期を経て再び高騰の時代ありと、エネルギーは本質的にボラティリティーを持つものだと体験してきた。私自身、特に00年前後のエンロンの非実物トレーディングでの破たんを目にしていたので、発電から小売までの領域とリスク管理は基本だと思うし、上流では燃料ヘッジ等を使い、顧客接点では環境価値を届けるといった小売事業としての発展を目指したいというのは変わらない」

ここでの本名のイメージは、量や機能としての送配電を除いての垂直統合そのものである。先進国の電気事業は現在基本的にはパワープールか法的分離で独占時代の垂直統合は崩れているように見えるが、米国エクセロンをはじめとする世界の優良電力会社は発電と小売の量的均衡を図り、電力市場の相場急変に備えている。「ナチュラル・ヘッジ」という機能がそれだが、日本の新規参入者の中でも08年前後の厳しい経営環境と経営者自身の体験の下で同じ考え方が見られることは興味深い。

もしも20年末～21年初の需給危機の折に、新電力各社が同じようなナチュラル・ヘッジの思想を持っていれば、需給リスク・新電力自身の経営リスクともに、ある程度の回避が可能だったはずである。つまり、10年余りの電力市場やルール変化の下で新電力に劇的な劣化が起きた、ということは否定できない。

この時期、電力実務者出身で学習院大学経済学部の特別客員教授に就いていた桑原鉄也は、08年の著書『電力ビジネスの新潮流』（エネルギーフォーラム）の中で、最近の６大トピックとして

①ＪＥＰＸの取引量が小売販売の０・２％にすぎないこと
②パリ・ロードマップが策定され、ポスト京都議定書検討が本格化したこと
③原油１バレル＝１００ドル時代が到来したこと
④中越沖地震により柏崎刈羽原子力発電所で火災発生、運転停止したこと
⑤ＴＥＰＣＯひかりサービスが終了し、多角化志向一辺倒の流れでなくなったこと
⑥欧州でＥＮＥＬ－ＥＮＤＥＳＡが誕生し、欧州の大規模Ｍ＆Ａが終了したこと

――をあげている。

①と③は日本の電力自由化に直結し、②は20年に日本政府が示した50年カーボンニュートラルを目指すという目標に結び付く重要なトピックであり、⑤と⑥は再生可能エネルギーと分散型エネルギーリソース（ＤＥＲ）が大量普及するその後の電気事業の元となった動きである。実際ＥＮＥＬグループはデジタル、データといった新分野を牽引する世界の電気事業のイノベーションリーダーの１社となっている。

著者の桑原は、「本にも書いたが、この時期は日本の電気事業において、自由化＝市場原理一辺倒の考え方が方向転換した時期だと思う。特に08年から京都議定書の第１約束期間に入ったこともあり、３Ｅのうち環境の比重がどんどん高まっていた。かといって再生可能エネは市場の中では生きていけず、二酸化炭素（CO_2）削減に有効な原子力についても短期の市場とはミスマッチな存在。市場での取引は増えず、新電力のシェアもなかなか伸びなかったが、環境や安定供給に影響を与えない程度に緩やかに進めればよいのではないか、という空気だったのではないか。その中で、市場取引の活性化施策や電力会社の大胆な経営改革はなかなか行われなかったということかもしれない」と振り返る。

資源市場や需給状況に加えて、地球環境問題も実は競争促進にブレーキをかける存在だったのであり、この「ミスマッチ」は、今も厳然と存在する問題である。

◆初期のスマートメーター動向

　この時期のトピックとして少し性質が違うが、自由化制度にかかわるものとしてスマートメーターの導入検討について取り上げたい。

　そもそも小売自由化の際には事業者別の同時同量が必要とされるので、その時間単位（日本の場合は30分）の電力量を参加する発電事業者・小売事業者について決める必要がある。自由化で先行する欧米では、発電事業者と大きなユーザーについては実測し、負荷率を推定して割り付ける「プロファイリング」という手法で推定していた。これを家庭用まで含めて実測するのがスマートメーターである。

　２０１０年6月改訂のエネルギー基本計画で必要機能の標準化、需要サイドのエネルギー需給情報の活用促進の取り組みが示され、「費用対効果等を十分考慮しつつ、20年代の可能な限り早い時期に、原則全ての需要家にスマートメーターの導入を目指す」と明記された。

10年5月から開始されたスマートメーター制度検討会は、その「原則全戸導入」に向けた基本要件の検討や対応等を11年2月の報告書でまとめたが、電力会社の当時の取り組みは、関西電力が約61万戸を対象に実証試験中、東京電力が実証試験の結果次第で10万戸程度までの拡大を検討するなど、9電力の電力量計取り付け数が約7284万個であるのに対して、微々たる導入見込み状況であった。

一般電気事業者がスマートメーターに積極的でなかったことにはいくつか理由がある。「小売全面自由化の必要条件であるから導入に否定的」との見方があったが、むしろ費用対効果や雇用問題が意識されていた。

日本の検針員の効率的な検針は計器の通信費よりも安く済み、雇用も急には減らせない。また需要家も様々で、使用量が極端に少ない家庭にまで高額のメーターを設置することへの疑問などもあった。そして何よりも、計器との通信が確実に行われるかどうかが重要で、計器の設置場所と通信環境によってエラーが生じ得ることから、慎重な姿勢を取らせていた。

こうした事情もあって、この時は電力会社の課題や取り組みを明示することのみが定められ、11年度早期にフォローアップの検討会を開催することとされたが、その後の震災・

事故を経て一気呵成（かせい）の導入へとまい進することになる。

◆迷走の原点

２００５年4月の高圧分野の小売自由化から2年が経過した07年4月から、総合資源エネルギー調査会電気事業分科会で小売全面自由化への拡大の是非などの検討が行われた。

なおこれに先立つ06年9月には、同分科会の制度改革評価小委員会報告書で制度改革の影響を評価しており、現行制度がほぼ肯定されると共に、将来に向けての３Ｅ確保の検討課題が留意事項として示されている。

この評価報告書から、当時の規制当局の認識が推察できる。自由化の最大の狙いとされる効率化については、「自由化分野における電気料金の低下に加え、規制分野においても効率化の効果が均てんされるなど着実に成果を上げている」とし、需要家選択肢の確保も「潜在的な競争圧力が働いている」と結論した。

また低炭素社会の実現が求められる世情を踏まえ、「電力自由化と環境保全の両立」については、「中核的役割を担う一般電気事業者が、環境負荷の観点から優れた特性を有する原子力発電や水力発電等の推進に向けて取り組んでいくことが期待されている」としており、「原子力ルネサンス」とも言われた当時の原子力発電所の担い手への意識が読み取れる。

この時の制度改革議論について、「電力会社が強硬に反対して自由化拡大を阻んだ」とする見方は妥当ではない。ちょうど議論されていた時代は、原油高で新規参入者にとって極めて経営環境が厳しい時期であったことも影響しただろうし、単に規制当局の政策の重点事項として他が優先されていただけであろう。

分科会の結論は、「小売自由化範囲の拡大は、家庭部門の需要家に自由化のメリットをもたらさない可能性があるにとどまらず、現時点においては社会全体の厚生が損なわれる恐れが強く、望ましくない」として全面自由化は見送られた。あわせて、卸電力市場の活性化や託送制度のあり方など、制度改革ワーキンググループでの競争環境整備が進むことになった。

経済産業省のホームページにこれらの資料は現存せず、国立国会図書館のアーカイブ等でのみ確認できる。この時、5年後（13年）をめどに改めて全面自由化の是非を検討すべきとされたが、東日本大震災、福島第一原子力発電所事故が生じたため、これらの検討内容が顧みられることはなかった。

00年から10年、すなわち日本でいえば電力小売自由化の開始から東日本大震災の前までの出来事をここまでの記載をもとに並べてみると、小売自由化の開始、その際のプレーヤーの育成、それを助ける卸電力取引市場の創設、ＢＧ制度の採用、パンケーキの廃止、原油高による卸電力市場の高騰と新電力の経営難、競争の停滞、規制当局の不満、費用対効果を理由とした小売全面自由化の見送り、といったことになる。

一見自由化の制度は進行し、９電力会社は競争優位を保ち、電力安定供給は維持されていた10年間のようだが、その中には例えばこの10年後の電力需給危機と市場・消費者の大混乱の根本原因が秘められていたのはすでに述べた通りである。

「東日本大震災までは自由化と安定供給はちゃんと両立されていたのに11年以降の規制のひずみによって電力制度がおかしくなった」という観察は一見正しく、一面そうではないことになる。

すなわち、競争制度整備の進行と9電力の順調な経営、安定供給維持の裏で、ＢＧ制度の盲点や弱点は顧みられることもなく、９電力の経営組織の改革も極めて緩やかなものだった。一方新規参入者であるPPS各社は電源確保に大変な労苦を払い、どうすれば9電力と闘えるか、知恵を絞るようになった。

さらに一番不満をため込んだのがルールメーカーである規制当局だったかもしれない。この時期競争促進がままならなかった理由は基本的に需要の堅調と原油価格高だったが、規制当局者は制度設計上既存9社があまりに有利に立ち過ぎている、と考える傾向があった。制度の実態はここまで述べたように安定供給用の周到さにやや欠けたBG制度だったにもかかわらず、市場のほとんどを占め続ける9電力を前にしてそうした思考は誰も行わなかった。残ったのは「恨み」であり、それはこの数年後に悪しき形をなして現れることになる。

電力制度も、9電力の経営も、新規参入者の困難も、規制当局のもどかしい思いや恨みも、東日本大震災以降の日本の電力経営、電力制度、参入プレーヤーのそれぞれの迷走を産む、いわば滞留エネルギーとなった。そうみると、この10年は決して凪（なぎ）の10年ではなかったのである。

第5章　次代の成長を求めて

執筆　穴山悌三

1997年 - 2014年

◆スマートグリッドの目的

スマートグリッド。その言葉の意味するところは「賢い先端的な電力ネットワーク」だが、その賢さは何のためだろうか。

電気の性質から需要と供給とを常に一致させる必要があり、電気を使う人がいればその使用量に合わせて供給設備を整える必要がある。電気を集中的に使う時間帯の使用量（需要ピーク）が大きくなればなるほど、安定供給のための設備投資も増大していく。これが歴史的な電気事業の経営課題であった。

この課題の処方箋として、需要ピークを抑えて投資額を抑える、ないしは需要ピーク以外の時間帯の使用量を増やして設備の稼働率を高めることなどがある。特に前者はピーク需要のカットが電力使用量の節減にもつながるために、省エネルギーという社会的な観点からも望ましい。こうしてＤＳＭ（デマンド・サイド・マネジメント）と呼ばれる需要側への働きかけが、様々に試みられてきた。

季節や時間帯ごとに電気料金を変えたり、情報を提供して行動変容を促したり、あるいは海外では、効率的な機器に取り替えるプログラムを推進したり、電力会社が顧客の電気機器のスイッチを外部操作でオフにすることもある。米国では、ＤＳＭを発電所と同様に評価して費用を抑える試みが統合資源計画（ＩＲＰ）と呼ばれて、電力会社は１９７０年代から活用してきた経緯がある。

他方、現代に近づくにつれ、効率的な電力システムの実現には、風力や太陽光などの小規模発電やコージェネレーションからの余剰電力の購入が有用であると考えられてきた。石油危機を背景とした米国の１９７８年公益事業規制政策法（ＰＵＲＰＡ）は電力会社にこれらの購入義務を課すものであり、規制改革の端緒となったのは既に紹介された通りである。

スマートグリッドの「スマート」は、こうしたＤＳＭや小規模発電等の活用を効率的・機能的に行うためのものである。この言葉は米国での供給信頼度向上の方策とも関わって２０００年代に使われるようになり、特に有名になったのは09年の景気刺激策で具体的な導入補助や地域実証が米国各地で展開されたことが契機であるが、その狙いは、ＩＴや標準化の進展を活用した「先端的な賢さ」を用いて、電気事業の長年の課題解決を図るものでもあった。

◆温暖化対策が主要課題に

電気事業にとって、かつては環境問題＝公害問題であった。わが国では高度成長期の公害が社会問題となり、１９６７年の公害対策基本法、68年の大気汚染防止法の制定を経て、硫黄酸化物（SO_x）や窒素酸化物（NO_x）の排出基準が設けられた。

この環境規制や、木川田一隆・元東京電力社長・経済同友会代表幹事の73年の所見における「企業に原点を置いて社会を見るという態度から、社会に原点を置いて企業の在り方を考えるという発想の１８０度の転換」が必要であるとの考え方を背景に、火力発電所における環境対策が進展し、これらの排出水準は世界でトップクラスになった経緯がある。

電気事業の達成目標の「３つのＥ」の環境（Environment）とは、当初はこうした電源立地地域のローカルな問題であって、グローバルな地球温暖化問題を意味してはいなかった。

地球温暖化問題への関心は80年代後半から高まり、88年には気候変動に関する政府間パネル（ＩＰＣＣ）が発足するが、わが国で大きく取り上げられるようになったのは、97年に京都で開催された国連気候変動枠組み条約第３回締約国会議（ＣＯＰ３）での京都議定書の合意以降のことである。

京都議定書は２００５年に発効し、わが国は08年から12年までの期間で温室効果ガス排出量を90年比マイナス６％の目標を掲げて取り組みを進めた。CO_2の排出は約９割がエネルギー起源であって、大型火力発電所で化石燃料を燃焼して温室効果ガス排出の約３割を占める電気事業にとって、環境問題＝地球温暖化問題への取り組みが、極めて重要な経営課題となったのである。

07年５月には安倍晋三首相（当時）が演説で「世界全体の排出量を現状に比して50年までに半減する」という長期目標を提案し、08年には福田康夫首相（当時）によって「20年までに05年比で14％削減する」という福田ビジョンや「低炭素づくり行動計画」が策定された。

同計画では、「太陽光発電の導入量の大幅拡大を進め、20年をめどにゼロエミッション電源（再生可能エネルギー・原子力発電等）の割合を50％以上とする」旨が掲げられ、そのために太陽光発電システム価格の大幅な低下に加え、電力系統への影響緩和のための系統安定化技術や大容量・低コストの蓄電池の技術開発が必要と書き込まれた。

この行動計画をふまえ、09年7月の低炭素電力供給システムに関する研究会報告書は、太陽光発電等の大量導入に対する強力な政策支援を打ち出し、その電気の有効活用には系統安定化対策が必要不可欠であると指摘した。

その実現には、系統運用における蓄電池の運用等を含めた最先端の制御技術を実現化した次世代ネットワークが必要とされ、米国でいわゆるグリーンニューディールとして注目されていたスマートグリッドは、わが国でも低炭素社会に向けた政策になるのである。

スマートグリッドの構成要素として、送配電網の自動化、分散型再生可能エネルギー導入への対応、多様なＤＳＭが挙げられている。わが国は送配電の自動化は他国に先んじる一方で、分散型の再生可能エネルギーの大量導入にかかる系統安定化対策については大きな課題の克服が必要であると認識されていた。

同報告書での系統対策費用は30年度までに4・6兆～6・7兆円かかると試算されたが、後述する目標量の上方修正を受けて出された報告書（10年4月）では、20年までの10年間の経済波及効果が2・1兆円から42・5兆円程度とする一方、系統安定化対策としての蓄電池設置等の対策コストが太陽光の出力制御をしない場合は16・２兆円かかるとした。

この時に「低炭素な電力供給システムの担い手として現行体制の一般電気事業者が適当か？」との疑問も呈された。垂直一貫体制で安定供給を担ってきた一般電気事業者にとっては、太陽光発電等の変動性電源は供給力としてカウントできず、系統に悪影響を及ぼし得る迷惑な存在であって、蓄電池の大量投入で何とかできるかどうか？との発想である。

これが他者には消極的な姿勢と受け止められ、「ネットワークが電源や小売と一体経営であること」を問題視する向きもあった。従来のアンバンドリング議論は主に公正な競争促進目的に立つものであったが、ここに「新時代の供給システム転換のための制度改革」へと問題意識が広がった面があったといえよう。

06年９月の第一次安倍内閣発足から12年12月の第二次安倍内閣の発足までの約６年間で、安倍・福田・麻生・鳩山・菅・野田と６人の首相が誕生している。それぞれの政権にとっては、世論が高まる地球温暖化問題に対する自らの積極的な姿勢は、格好のアピール材料だった面があろう。

太陽光発電の導入目標量も次第に積み上がっていった。08年7月に閣議決定された低炭素社会づくり行動計画では、20年度約1400万キロワット、30年度約5300万キロワットという目標であったが、09年4月の経済危機対策では国として20年頃に約2800万キロワットを目指すとの方針が示された。20年度の目標設定について、05年度の導入実績が約140万キロワットであったから、第一弾はその10倍に、第二弾はそれを倍増して20倍に、という何とも大まかな目標設定であった。

20年3月の実績導入量は5580万キロワットだから、今から見れば実はさらに倍増する目標を掲げていても良かったのだが、これは周知の通りその後の全量固定価格買取制度の導入によるところが大きく、20年度見込みで買取費用総額3・8兆円、国民負担となる賦課金総額2・4兆円という対価と引き換えの数字である。

当時の導入量が約140万キロワットであったのだから、その20倍というのは途方もない数字に思われた。09年8月に長期エネルギー需給見通しは再計算が行われ、太陽光発電をはじめとする再生可能エネルギーをさらに導入するための具体的方策として、全量買取制度の導入に向けた検討が経済産業省のプロジェクトチームで開始されたのは09年11月のことである。

再生可能エネルギーは、それ以前でもエネルギーベストミックスの観点から導入が検討され、一般電気事業者も風力や太陽光などを自ら導入していた。制度としては、電気事業者に発電量の一定量以上を新エネルギー等から賄うことを義務付けるＲＰＳ制度が02年６月に法定され、これは全量買取制度と比較して、目標達成の確実性や市場原理の活用で優位性があるとされていた。また09年のエネルギー供給構造高度化法の成立によって、５０ ０キロワット未満の太陽光発電の自家消費を超える余剰電力を全量買い取る余剰電力買取制度が、ＲＰＳ制度を補完する形で導入された。

◆幻の原子力ルネサンス

「ルネサンス」は14世紀から16世紀に欧州で生じたギリシア・ローマの文芸復興や当時の時代を指す言葉だが、２０００年代に米国や欧州で生じた原子力発電への追い風の流れを、当時は「原子力ルネサンス」と呼んでいた。

この背景としては、金融危機までのエネルギー需要の拡大、化石燃料価格やボラティリティの高騰、エネルギーセキュリティー上、代替エネルギーの必要性が高まっていたこと、そして、地球温暖化問題への関心が高まる中でゼロエミッション電源としての原子力発電にスポットが当たったことがある。

具体的には、米国では、06年の国際原子力エネルギー・パートナーシップ（GNEP）の構想発表と展開、ウラン濃縮の奨励、直接処分してきた使用済み燃料の再処理転換、30年間凍結してきた新規建設などの推進策が打ち出された。

欧州では、フィンランドで30年ぶりの新規建設が承認され、オランダのように既存プラントの運転存続を認めたり、英国のように新規建設促進を政策に盛り込んだりする動きがあった。規模でみれば、需要が急増する中国やインドにおいて、大幅な原子力設備の容量増大が掲げられている。

さらに原子力発電の新規導入目標や計画を、ポーランド、ベトナム、タイ、インドネシア、ヨルダンなどの多くの国や地域が打ち出していた。わが国は、首脳会談や2国間協定の締結を通じて新規導入国の基盤整備への協力を推進した。10年10月には電力会社を中心に原子力の海外展開促進のための新会社「国際原子力開発株式会社」を設立して、日本政府が提起した新規案件の窓口として一元的に官民支援策をベトナム等の相手国に提案・調整する態勢を整えた。新興国における原子力技術の開発支援は、米国や欧州諸国と競うように国家戦略に組み込まれていった。

また原子力産業の国際的再編が進み、わが国の原子炉メーカーが存在感を増していた。06年２月に東芝がウエスチングハウスを買収し、米国での建設受注の動き等があった。

ただし「ルネサンス」という明るい語感が国内で浸透していたとは言えない。07年の中越沖地震の際の変圧器火災に起因する不信感情はその一例であり、原子力業界と社会との意識の差が潜在的に拡大しつつあった。

政策的な優先順位としての全面自由化見送りについては既に述べられているが、改めて自由化と原子力との両立に関する動きを振り返ろう。

00年代のわが国のエネルギー政策は、エネルギー安全保障や地球温暖化防止の視点を踏まえ、原子力発電が大きな役割を果たす必要があると位置付けていた。10年６月閣議決定のエネルギー基本計画と原子力発電推進行動計画においては、当時約３割だった原子力発電の割合を20年には約４割、30年には約５割まで高めるとしている。

他方、原子力発電の担い手である一般電気事業者は、逐次的な小売自由化拡大などの規制改革の進展によって、かつてのような法的独占による需要確保や総括原価主義によるコスト回収の保証がなくなっていた。当時の資源エネルギー庁作成の資料には「電力自由化を受けて、電気事業者は大型の長期投資に対して、より慎重な姿勢を示すようになった」、「電力自由化に対応して、原子力政策の新たなアプローチが求められている」とある。かくして、電力自由化の中で、私企業の長期投資戦略の判断要素に対応して、将来にわたって一定規模の原子力発電を確保し得るようにどのように所要の環境整備を行っていくかが、政府の課題認識となっていた。

原子力開発利用長期計画に代わって05年10月に策定された原子力政策大綱は、わが国が進めるべき原子力政策の基本方針として閣議決定されている。この中にも電力自由化等の影響を論じる記述があり、「国は、電力自由化の下で総合的に公益等を勘案して、民間の長期投資を促しつつ、環境整備を行うべき」旨の方針を示している。

この時の規制当局の問題意識として、電気事業者が原子力を電源選択できるよう、経済性や投資リスクなど、例えばバックエンド・コストの不透明性や長期固定投資に対する将来の需要変動リスクなどをどうするかがあった。アイデアとしては、フランスのような買取保証付きの入札、国策会社化、発電の一定割合を原子力に指定するRPS制度の導入などがあり得たが、次の全面自由化の再検討までには議論を詰めていく必要があったろう。

だがその前に震災・事故が生じたため、まったく異なるシナリオを歩むことになる。

◆ＦＩＴによる太陽光急拡大

２００９年９月25日の国連気候変動首脳会合で、同月16日に就任した鳩山由紀夫首相が「20年までに温室効果ガスを１９９０年比で25％削減する」と公約し、その手段として、国内排出量取引制度、地球温暖化対策税と共に、再生可能エネルギーの全量買取制度に言及した。

この時すでに、再生可能エネルギー割合を増やす政策としてＲＰＳ制度が導入され、５００キロワット未満の太陽光発電の余剰電力買取制度も導入されていたが、09年12月30日閣議決定の「新成長戦略（基本方針）」では、政策分野の筆頭に「グリーン・イノベーションによる環境・エネルギー大国戦略」が掲げられ、その主な施策の第一に「電力の固定価格買取制度の拡充等による再生可能エネルギーの普及」が挙げられた。

こうして当時の民主党政権が目玉とした政策は、東日本大震災が発生した11年３月11日午前中に固定価格買取制度（フィード・イン・タリフ、ＦＩＴ）を定めた「電気事業者による再生可能エネルギー電気の調達に関する特別措置法」案として閣議決定された。その後の震災ならびに東京電力福島第一原子力発電所の事故対応や、電気料金上昇による産業空洞化を懸念する産業界の反対などもあり国会提出が遅れたが、同年８月に同法は成立し、ＦＩＴが導入された。

　買取価格や買取期間の詳細は、調達価格等算定委員会で決定されることになり、費用と負担のバランスをどうとるかが注目された。買取価格を高く設定すれば普及拡大のペースは速まる一方、その設定水準に応じて電気料金が上昇すれば産業競争力の低下や一般家庭の負担増になる。当初の調達価格が高めに設定されたことから、特に事業用太陽光発電を中心に認定量が急拡大し、その規模は12年度からの３年間で５２５４万キロワットに及んだ。前述の通り、太陽光発電導入量はＦＩＴ前の５６０万キロワットから20年３月末時点で５５８０万キロワットへと拡大している。

　導入量でのＦＩＴの効果は大きかったが、当初の成長戦略という点では日本メーカーはおおむね淘汰（とうた）されてしまい、「家庭当たりコーヒー１杯分の上乗せ」と当局が説明していた賦課金は家庭用電灯料の１割強に達して、20年度の国民負担総額は約２・４

兆円に膨らんだ。

◆地域エネルギーマネジメント実証の意義

２０１０年前後の新成長戦略には、「電力供給側と電力ユーザー側を情報システムでつなぐ日本型スマートグリッドにより効率的な電力需給を実現し、家庭における関連機器等の新たな需要を喚起することで、成長産業として振興を図る」という記述もあった。スマートグリッドという場合、主に送配電ネットワークの高機能化や強靭化に焦点があたるが、蓄電機能を有する電気自動車の活用や、情報家電の普及拡大、蓄電池の高機能化・低価格化の進展などを踏まえれば、より広くコミュニティー全体のマネジメントを視野に置く次世代システムの考え方へと発展する。

分散型電源や熱供給システムなどを活用し、地域エネルギーマネジメントを行うプロジェクトは以前から存在していたが、再生可能エネルギーを活かした「エネルギーの地産地消」を唱える地域レベルでの動きもあり、経済産業省は「次世代エネルギー・社会システテム実証事業」を企画した。

これは、太陽光発電のさらなる導入拡大を念頭に、デマンド・レスポンス（DR）を含めたエネルギーマネジメントシステム、地域レベルのシステムと電力系統ネットワークとの補完関係、電気と熱の有効利用、交通システムを含めた実証事業を行うもので、具体的には19地域から応募があり、4カ所（横浜市、豊田市、けいはんな学園都市、北九州市）が選ばれた。

11年度から14年度に実施された4地域での実証結果は16年6月の経済産業省「次世代エネルギー・社会システム協議会」で総括された。実証の主な成果としては、エネルギーマネジメントシステムの開発、標準インターフェースの確立、蓄電池制御技術の開発、車両からの給電技術の開発といった基盤技術の確立と、需要制御技術としてのDRの活用可能性を確認したことを挙げている。

これらの実証開始後に東日本大震災・福島第一原子力発電所事故が生じたことから、所期の注目は集まらなかったが、地域の人口減少や産業変容が今後進んでいく中で、将来的なスマートコミュニティーを目指すことに鑑みれば、試行としての意義はあった。

ただし「メリットを見いだし、どのように事業化していくのかが課題」と評価している通り、事業性や費用対効果の課題などの解決が今後の実装の前提となる。

◆経営多角化の事例――ＥＶの苦闘

電力自由化史のサイドストーリーとして、関連事業・多角化についても記しておこう。

自由化前、一般電気事業者本体が行う業務範囲は兼業規制で制約されていた。当初の関連事業は、例えば用地、保守、家庭サービスなどの本業のバリューチェーンの一部や、情報システム関連サービスなどの間接・管理部門の業務を主に行う企業群が担っていた。

兼業には許可が必要と定めていた規制の趣旨は、公益性を有している電気事業は本業遂行に専念すべきで、いたずらに他の事業を行って経営悪化を招くことがあっては電気の需要者の利益を確保できないという考え方にある。

兼業規制は１９９９年の電気事業法改正で撤廃されるが、それ以前も出資先についての事業法上の規制はなく、多角化は可能であった。その一例が電気通信事業への参入である。

例えば東京電力は、86年に東京通信ネットワーク（ＴＴＮｅｔ）を商社等と共に出資設立し、企業向けの専用線サービスや関連会社向けの電話サービスに参入した。

この背景には、電気の安定供給遂行に使用する運用・保安用ネットワークの経営資源を活用することがあり、当時のわが国で業種を問わずに盛んに志向されていた「経営多角化ブーム」にも合致するものであった。

兼業規制廃止後の２００２年には東京電力と中部電力がインターネット接続事業者に光ファイバー回線を提供するＦＴＴＨ（家庭向け光ファイバー通信）という形で電気通信事業に参入する。この際、電気通信事業法に基づき、公正競争確保の観点から電気事業と電気通信事業の情報遮断や会計整理などの条件を付されている。

自由化の進展に伴う兼業規制の撤廃は、経営資源の適切な有効活用を電力会社の自主的判断に任せた方が良いとの判断に立っていた。電力各社が手掛けた電気通信事業の帰趨をみても、範囲の経済性を活かす経営資源の活用が必ずしも成功に結び付くわけではない。

重要なのは技術変化等を踏まえた時代に応じた価値提供である。自由化は必要条件でしかないが、失敗を含めて試行錯誤を経ながら成功を目指すという企業家精神は、公益事業にとっても重要な資質であった。例えば鉄道事業における多角化戦略が本業に貢献してきた歴史などにもその重要性はみてとれる。

02年春、東京電力本店のある会議室では、経営層を前にイノベーションリーダー研修の成果報告会が行われていた。後に同社の常務原子力・立地本部長、経営技術戦略研究所長などを歴任する姉川尚史のチームは、次のような内容の提案をプレゼンテーションしていた。

今後の環境意識の高まりなどを考えると、将来の東電のライバルは、エネルギー他社ではなく、トヨタとなる可能性が大きい。競争の勝者となるには、電気自動車（ＥＶ）に使われるバッテリーを用いた分散型システムの活用を考えるべきであり、まずはリチウムイオン電池を装備したＥＶ関連事業を東電でやらせてほしい。

電力会社のＥＶに対する取り組みの歴史は長く、現場出向に用いる用途などにも鉛蓄電池を用いた自動車が試用されていた。また、国立環境研究所・東電・東京Ｒ＆Ｄ等が共同で開発したＩＺＡと呼ばれるＥＶが91年に発表され、１充電当たり３００キロメートルにも及ぼうとする走行距離や、最高速度時速176キロメートル等の記録を誇ったが、金額は桁違いで、あくまでも夢の乗り物にすぎなかった。当時の電力会社のEVは鉛蓄電池の走行距離や充電時間、使い勝手などに対する現場の不満が蓄積し、「EVは割高な上に使い物にならない」との評価が常識として定着してしまっていた。

姉川チームは最終プレゼンテーションに先立ち、宅配などのデリバリーを伴うビジネス企業を歴訪して、「EVを業務用に使えば、静音性や加速性に優れ、自社の社会的貢献をアピールできる」と、長所を熱心に説いて回ったが、すべてのれんに腕押しのつれない反応だった。

今も昔もEV普及の最大のネックはバッテリー価格の高さにある。同チームは、EVで使ったバッテリーをリユースしてエネルギーシステムに用いる「カスケード利用」によって採算性の壁を越えられると報告し、経営層からはスモール・スタートが許された。

あれから約20年を経て、EVへの期待は世界的に高まっている。プレゼンテーションの後、姉川は10年3月に急速充電方法の規格を開発・管理するCHAdeMO協議会を発足させ、現在はその会長を務める。

EVの苦闘の歴史は、個人の熱意や資質に負うところも大きいが、制度上の自由化だけがイノベーションを後押しするわけではないことを示す一例でもある。

◆安定の池からリスクの海へ

戦後の電気事業システムは制度面で安定供給をサポートする仕組みになっており、多様なリスクがシステム内部で吸収されていた。「総括原価主義の料金制度が中長期的な安定供給の達成に必要な投資費用等の回収を保証すること」は代表格だが、本来、電気事業のリスクは多岐にわたる。

例えば発電・卸部門や小売部門が直面するのは、天候や競争等による販売量や価格の変動リスク、そして取引先の売掛回収等の信用リスクである。またネットワークは、安定供給に関わる需給変動、設備の建設・立地に関するリスクや費用回収リスクなどがある。

すべての部門に共通するのは、需要に必ず対応しなくてはならないという厳しい需要制約や、資産価値の変動リスクであり、膨大な投資を賄うための資金調達に関する金利・為替・格付けの変動、燃料や事業運営に必要な資機材、人材などの調達に関するリスクもある。

さらに言えば、法務なども含めた危機管理全体がリスクの範疇（はんちゅう）に入るのだが、事業活動に伴って生じる直接的なリスクだけをこうして列挙してみても、本来的に緩和ないし対処しなくてはならないリスクはとても幅広い。

「電気事業の安定供給」は、ともすると「経営不在でも安定している」とやゆされていたが、安定供給を果たすための厳しい需要対応制約に関する諸リスクのコントロールについては、自由化前から電気事業者が細心の注意を払ってきた。例えば、資源や立地の制約、工期や工費の変動などを念頭に置いた電源ポートフォリオや個別のプロジェクト管理、燃料の確保や価格変動を踏まえた調達費用の最小化、天災や不慮のトラブル等に備えた設備形成・運用方法の考え方などである。

他方、料金規制下では商品としての電気自体の価格変動は考慮の必要がなく、地域独占下では面的・量的に顧客が確保されているので、自（おの）ずと個々のリスクが吸収される保険的効果の恩恵を受ける。そして発電から小売りまでを1社で扱う垂直一貫経営であったために、価格変動、事業遂行、取引量の変動等のリスクが内部吸収され、無意識のうちに自然とヘッジされる保険的機能が働いていたのである。

自由化は、これらの個々のリスクを外部化し、解き放つことも意味していた。解き放たれたリスクを放置はできない。

１９９０年代半ばに自由化で先行した海外事例は、電力取引市場のスポット価格の変動（ボラティリティ）が特に大きく、リスク・コントロールには副次的な取引市場の整備が欠かせない。それもただ様々な市場を作れば良いわけではない。一定の厚みがあり、有効に機能しないと話にならない。カリフォルニアの電力危機の経験は、市場設計によっては調整機能が期待通りに働かないことを示していた。

グローバルな自由化の進展を横目に見つつ、小売自由化に足を踏み入れた00年前後のわが国のエネルギー業界では、いずれ対応を迫られるリスク・コントロールの手段として、金融工学を用いたファイナンス手法が注目されていた。

利のあるところに、人は動く。この頃、海外で蓄積した知見や提案力を看板に、様々な外資系の金融機関やコンサルティング会社などが大挙して電力会社を訪れ、市場リスクのモデル化、証券化の活用、資本構成の最適化など、旧来の電力会社にはなじみが薄かった概念や用語を用いて熱心に取り組みの必要性を説いて回っていた。

上位職から担当者まで、大勢がぞろぞろ連れ立って訪問する会社が多かった。金融業界の友人はこの状況を「よほどカモだと思われてるねえ」と一言。閉ざされていた池で仲良く暮らすカモたちにせっせとネギが運ばれている様は、70年代に先行した金融自由化の統合的なリスク管理の再演だったかもしれない。

自由化を進める国も、自由化の下でのリスクマネジメントに多大な関心を寄せていた。00年2月に電力会社や金融機関をメンバーに立ち上げた研究会が電力市場取引に伴うファイナンス手法の活用について同8月に報告書を取りまとめ、さらに1年後の01年8月には拡充した同研究会で第2ステージの報告書をまとめている。

01年末にエンロンが破綻して、「エンロン・オンライン」のようなリスクも含めた総合的なエネルギー取引市場自体に懐疑的な目を向ける者もいたが、自由化に伴うリスク管理の重要性は疑う余地もなく、カモは早かれ遅かれ白鳥へと生まれ変わる必要があった。

◆金融的手法の模索

戦後の電気事業システムにおける地域独占と総括原価主義を定めた規制の存在下では、

電力会社の経営基盤は安定的とみなされていた。このため自由化が進展するまで、格付け機関は最上位級の信用格付けを与えてきた。

元来電気事業は、広範なネットワークや大型設備を必要とし、他の産業以上に巨額の固定資産が重要であり、電気事業会計は一般の事業会社とは異なるルールも定めている。しかし自由化の波をかぶれば、電気事業の特殊性うんぬんではなく、一般の事業会社との比較において経営の是非が論じられることになる。

改革の黎明（れいめい）期において、一般電気事業者が伸びる需要と膨らむ投資に苦しみ、財務体質を悪化させていたのは、格付け低下の予兆であった。事業特性として資産の回転率は高くない上に、投下資本の増加は利益増を意味しない。証券会社のアナリストなどから、財務体質改善、資本効率向上、株主価値向上のための財務戦略等について厳しい注文が相次いでいた。

有力な格付け機関の一つであるＳ＆Ｐは、１９９８年９月に規制緩和による事業リスクの高まりを理由に東京電力をＡＡプラスからＡＡへと格下げし、２００１年３月にはＡＡマイナスへとさらに一段の格下げをした。格付けは、資金調達コストに影響する。巨額の有利子負債を抱える電力会社にとって、供給コストに跳ね返る問題でもあった。

伝統的な料金規制が「発電から小売に至るまでの電気事業全体」を対象としている限り、加重平均資本コスト（WACC）は公正報酬率（ROR）に相当し、発電・流通・小売の各分野の資産・リスク・利益を分割せずに包括的に評価できる。さもないと、比較的低リスク低リターンの流通資産に比べて、燃料調達や価格変動等の高リスクに直面する発電事業資産の資本コストは、本来高くなる。

電気事業全体の評価に基づく従前の規制下での金利は、自由化の下での発電設備の形成には適用できず、リスクに応じた割高な金利分はコスト上昇要因となる。近年あらためて耳にする「発電資産による将来キャッシュフローを裏付けにする証券化」は、00年頃から提案営業がかけられていたが、グレーゾーンの節税以外にメリットも見当たらず、当時の一般電気事業者は相手にしなかった。

自由化の進展に伴う価格変動リスクの増大などを予見して、00年前後の一般電気事業者は金融工学のツールとしてのオプションや電力取引への準備体制を固めていた。例えば東京電力は企画部内にフィナンシャルマネジメントグループを設立し、海外事例の研究やわが国での応用検討などを行っていた。

同部内では、将来のフォワードカーブ（将来の電力の受け渡し期間ごとに現時点の約定価格を表した曲線）の料金メニューへの応用なども視野に入れた「お勉強」は進んでいたが、今なら普及したタブレットやクラウドの活用によって営業最前線で顧客に応じた細やかな対応もできようものの、当時は肝心の市場整備も不十分で、新組織のメンバーも実践的な提案をすることには限界があった。

しかし、だからといって無聊（ぶりょう）をかこつわけにもいかず、生まれた成果の一つが天候デリバティブの実践である。01年7月に東京電力と東京ガスが連名で「夏期の気温リスク交換契約の締結」をプレスリリースした。

もし夏期気温が高く推移すると、電力会社は冷房需要の増加で利益が増加し、逆にガス会社は家庭用給湯需要の減少で利益が減少する。もしも冷夏の場合はそれぞれ逆になる。このように対照的なポジションにある両社の気温変動による収益変動リスクのカバーをするのが天候デリバティブで、米国では97年に導入されて以来、異常気象保険と同様に活用されていたが、国内では初の取り組みだった。

02年の電気学会誌（１２２巻２号、１０５～１０８ページ）に当時の関係者のインタビューがある。金融機関やデリバティブのベンダーを介在させず、リスク交換の相対取引にした理由を問われた担当者は「仲介手数料が必要ないから」として、「長い目でみて平均値へ収束するだろうリスクのヘッジに割高なオプション料を払う意義が問われる」旨を回答した。これはまさに自由化のコストの一端を示唆している。

社内には「デリバティブ」という言葉に拒否反応がある者もいたろうが、「てんき商売」の電力会社にはなじみがある材料だったので実施に至った面もある。期間終了後に「結果はもうかったのか？」と尋ねる役員もいたと聞けば、当時はまだ、リスクヘッジの意味が共通理解に達していなかったことがうかがえる。

◆早すぎたイノベーション

以上、関連事業・多角化、バッテリー、リスクマネジメントと、電力自由化の正史に載らないサイドストーリーをいくつか紹介してきた。これらはいずれも、改革の黎明期や自由化初期のイノベーティブな試みであったが、目指す本質は今日とほぼ同様であったといえよう。

しかしこれらの成長の種は、バッテリーの急速充電システムのような一部の成果を残しつつも、分散型システムの展開などのような大きな成長・変容には至ることなく、結果的に埋没していった。これはなぜだろうか。

一つの解釈として、１９９７年のクリステンセン『イノベーションのジレンマ』にあるような、既存企業におけるカニバリズム（共食い）への懸念や新市場の評価におけるバイアスの存在などが本気で取り組むことを妨げたという見方がある。しかし電気自動車のエピソードで明かしたように、旧体制下の一般電気事業者もただ漠然と「今日と同じ日は明日も続く」と考えていたわけでもない。

また、例えば「再生可能エネルギー導入を既存の電力会社が妨害する」というような、いわゆる抵抗勢力や既得権益といった見方が呈されることもあるが、これもやや見当違いに思われる。電気事業者に一定割合以上の新エネルギー電気の利用を義務付けたＲＰＳ制度の下で、今のように飛躍的な再生可能エネルギーの導入が進まなかったのは、一般電気事業者が低廉で安定的な電気を供給する観点でベストミックスを講じていたからにすぎない。

結局、手をつけたのが早過ぎたということかもしれない。変容・変革は、一つの技術進歩だけでは進まない。社会や経済、人々の行動・意識変化も含めた、多面的な進歩・変化が絡み合うことで、成長の芽が育ち、やがては既存のシステムを補完しつつ、中には代替するものが現れる。

加えて、本格的に自由化が進展するまでの規制と自由の併存が、関係する主体の危険回避的な行動を生んでいた可能性がある。特に失敗した者への厳しい非難で留飲を下げる傾向が社会にあると、規制者も被規制者も批判をおそれて無難な行動を選択しがちである。

だがイノベーティブな挑戦には、先走った失敗はつきものだ。自由化とは本来、「失敗の自由」をも意味すべきものである。

第6章

火事場のシステム改革

執筆　穴山　悌三

2011年 - 2013年

◆すべてを変えた3・11

2011年3月11日（金）午後2時46分頃、三陸沖で震源深さ24キロメートル、世界の観測史上4番目の規模のマグニチュード9・0の地震が発生した。震源域は南北500キロメートル、東西200キロメートルの広範囲にわたり、宮城県沖、三陸沖南部海溝寄り、福島県沖、茨城県沖等の複数領域が連動する巨大地震であった。

東京電力福島第一原子力発電所は震度6強を感知し、運転中であった1～3号機の原子炉が自動停止した。しかし地震によって受電設備の損傷や送電鉄塔の倒壊が生じて外部から受電ができなくなり、さらにその後の水位約13メートルの大津波の襲来によって原子炉建屋やタービン建屋が浸水。多くの電源盤が浸水し、1～5号機では、非常用ディーゼル発電機が停止し、全交流電源を失うと共に、そのうち1、2、4号機では、直流電源も津波で失った。

これにより冷却機能や徐熱機能が失われ、ついには燃料が溶融（炉心溶融）する事態に至る。また原子炉建屋内に蓄積した水素が爆発し、大気中に多くの放射性物質を放出した。

他方、福島第一原子力発電所から南に約10キロメートルの位置にある福島第二原子力発電所も地震や津波の被害を受け、1、2、4号機の除熱機能が失われたが、一部の外部電源や交流電源設備が使用でき、また発電所員などが総延長9キロメートルのケーブルをほぼ1日で仮設するなどしたことで除熱機能が復旧し、大事には至らなかった。

福島第一原子力発電所の過酷事故は、大量の放射性物質の飛散を引き起こし、地震と津波で大きな被害を受けていた立地点やその周辺地域に重ねて甚大な被害をもたらし、国内はもとより世界中に大きな衝撃を与えた。

さらに太平洋沖沿岸を襲った大津波は、原子力発電所以外の電力設備にも甚大な影響を与え、広野火力、常陸那珂火力、鹿島火力、大井火力、五井火力、東扇島火力のプラントが停止し、各地の水力発電所や変電所も停止した。

◆計画停電の混乱

東京電力が失っていた供給力は合計2100万キロワットに及び、供給力3100万キロワットに対して、想定需要は震災影響による600万キロワットを差し引いても4100万キロワットが見込まれたため、需給バランス確保の見通しが立たず、緊急的な措置を講じる必要に迫られた。

電気は需給バランスが取れないと供給できない。軽度なバランスの崩れは周波数の乱れとなって電気の品質を落とすが、一定レベルを超えると電源脱落が相次ぎ、やがては系統全体に及ぶ「ブラックアウト」と呼ばれる大停電に至ってしまう。2018年9月6日に生じた北海道胆振東部地震後の北海道全域の停電は、わが国初のブラックアウトだった。

東日本大震災では東京電力が不測のブラックアウトに陥る危機に直面していた。地震・津波の自然災害で大幅に供給力を失った状態で需給バランスを取るためには、供給力を他者に頼るか、あるいは需要を大きく削減するしか方法はない。前者は、他電力の融通を仰ぐか自家発電等に頼ることになるが、東北電力はまさに大きな被災の当事者であり、自家発電にも被災影響は及んでいた。

他方、需要を減らす方策も、ブラックアウトを何としても防ぐためにはその確実性が必要になる。わが国には、電気の使用制限を大臣が命じる省令が、石油危機が生じた１９７４年に制定されていたが、以来その発動が想定されていなかった。この規則は同年５月13日の「夏期の電力需給対策」で一律15％削減という需要抑制目標を掲げた際に、「使用最大電力の制限に係る経済産業大臣が指定する地域、期間等」の告示で発動されるが、震災直後の時点では打ち手にならなかった。

東京電力はこうした状況に直面して、予期し得ないブラックアウトの混乱を避けるため、輪番制の計画的な停電の実施について諮り、３月12日に政府の了承を得て、「５つのグループに分けて１日１回３時間程度、ただし電力需給状況によっては複数回の実施をする」と発表した。

実施に当たり、病院などの適用除外の範囲や決定過程、電力ネットワークの区切りと自治体区分や住所表記単位の表示区域が多々異なること、停電実行の決定について需給状況を見極めた上で直前に判断すること、などが社会的に批判され、また当該エリアの経済社会生活に大きな混乱と迷惑とをもたらした。
計画停電は2011年3月14日から同28日まで、延べ10日間、約7千万件に対して実施された。

◆「限界」から「電力システム改革」への飛躍

3・11の震災・事故後に直面した喫緊の課題は、福島第一原子力発電所の事故収束と被災者への対応、東日本地域を中心とした電力需給バランスの確保であり、加えて議論になったのが、原子力損害の賠償に関する法律の適用いかんによって始まる東京電力の経営問題である。

事故現場では原子炉の冷温停止状態を目指して原子炉や使用済み核燃料プールを冷やすための注水・放水が続けられ、地震と津波による被災に加えて放射性物質による汚染や避難に苦しむ地域の住民の方々の苦悩は続いた。

電力需給バランスの確保は、需要面では輪番停電の実施と、震災・事故の影響による操業停止や節電要請への協力等による需要減少があり、供給面では関係者が不眠不休で被災した火力発電所の復旧を進め、採算度外視で世界中から集めたガスタービンやディーゼル発電機等の電源を各火力発電所構内に緊急的に設置するなどした結果、4月以降は何とかバランスを維持できた。

電力システム改革に関する議論は、2011年11月に経済産業省内に立ち上げた「電力システム改革に関するタスクフォース」を舞台に行われた。民主党政権下では、設置に法的根拠を有する総合資源エネルギー調査会やその下部組織ではなく、10年9月に閣議決定で設置した「新成長戦略実現会議」が11年6月に決定した「エネルギー・環境会議」等の場で、わが国の電力システムなどエネルギーの重要事項が決まっていった。

経済産業省の同タスクフォースは11年12月27日に論点整理を発表し、震災で明らかになった電力供給システムの問題点を踏まえ、競争的で開かれた電力市場の構築のため、改革に早急に着手するとした。

経済産業省は各種資料において「東日本大震災と電力システム改革の必要性」として次の5点を指摘する。

①原子力依存が低下し、分散型電源等の多様な電源活用が不可欠
②競争促進で電気料金を最大限抑制することが一層重要
③広域的な系統連系を拡大し全国レベルの発電所運用が必要
④需要家の多様な選択ニーズに応えることが求められている
⑤需要に応じて供給を積み上げる従来の仕組みだけでなく、需給状況で料金差をつける
などの工夫で需要抑制が必要

これら5点、すなわち多様な電源活用、競争促進による料金抑制、広域的な系統連系拡大と全国大の発電所運用、需要家の多様な選択肢確保、料金誘導等による需要抑制が、震災・事故を契機に明らかになった「従来の電力システムが抱える様々な限界」とされ、電力システム改革に早急に着手する理由であるとされたのだ。これらの解決策として示されたのは、13年4月閣議決定の「電力システムの改革方針」で定めた3段階にわたる改革の柱、すなわち広域的運営推進機関の設立、小売全面自由化、送配電部門の法的分離であった。

国会図書館アーカイブで、経産省が作成した震災・事故前の電事法改正時における国会答弁の要点が確認できる。

まず、地域間連系線など送配電設備の確実な整備を含めた「供給力の確保」については、先の制度改革により「①中立機関による将来需要見通しの策定・公表②全国の供給力を有効活用させるための広域的な電力流通の活性化③卸電力取引市場の整備による投資リスクの管理の容易化、等の措置を講じ」、「十分な供給力が確保されるための環境整備を実施」とあり、「会社間の連系線等の整備については、中立機関が送電設備形成に係る基本的なルールを作り、そのルールに基づき事業者が整備を行う。また、適切な投資が行われるよう、系統利用料金の設定等に当たり、確実な資金回収ができるよう配慮」するとある。

小売自由化は、「市場での交渉力が十分でない小口需要家を含む小売自由化範囲の拡大は実施せず。今後の拡大については、今回の制度改革による需要家選択肢の拡大状況等の成果の検証や、最終保障、ユニバーサルサービス等の確保の在り方等の検討を行いつつ、その可否を判断」するとしていた。

発送電分離しなかったのは、「①電気の安定供給を確保するためには、発電設備と送電設備の一体的な形成・運用が必要であり、特に原子力発電のような大規模電源については送電設備との一体的な形成が不可欠なこと②他方、所要の行為規制の導入とその確実な担保により、ネットワーク部門の公平性・透明性への市場参加者の信頼の確保が可能と考えられること、の2点を勘案した結果」とした。

震災・事故の教訓が、どのようにかつての答弁内容を翻した上で「限界突破」につながるかの検証はなく、改革ありきの議論が進んだ。

タスクフォースの論点整理公表を受け、12年3月刊行の一橋ビジネスレビューの論文で故澤昭裕氏は、震災・事故の社会的インパクトが大きかったゆえに「現状の電力システムに何らかの問題が潜在していたことを指摘したくなる政治的な空気は理解できる」としながらも、議論の前提には疑問があり、「結論を急ぎすぎるあまり、不合理な政策決定が行われてしまう危険がある」と指摘した。

澤氏は、その疑問として次を挙げる。

①電力供給不足は価格メカニズムによる需要抑制手段が整備されていれば解消されてい

たとするが、大規模電源喪失の状況下でどの程度役に立ったか？
②視点が国内のみに向いており、化石燃料の購買力やリスク分散の観点が抜けている
③原発事故を大規模電源の遠隔集中立地によるリスクに結び付けることは論理飛躍であり、分散型エネルギーシステムへの移行がその解決策との認識は単純すぎる
④電力会社の現場の技術力を正当に評価していない
⑤原子力を今後どうするかについてほとんど言及がない

これらはいずれもわが国のエネルギー政策、電力供給システムの在り方を論じる上で極めて重要な論点だが、これらが顧みられることはなかった。

同論文で澤氏はさらに、論点整理が掲げる「より競争的で開かれた電力市場」の構築、すなわち送電線開放モデルの志向では、発電市場に多くのプレイヤーが参入して競争するという効率性向上の源泉が確保できず、また、安定供給のために一定の冗長性を持った設備確保、国際市場で伍（ご）していける購買力形成、電源多様化によるリスク分散というわが国が満たすべき条件と両立しにくいと指摘する。

そして澤氏は、電気通信事業を参考に、日本の電力会社は発送電分離よりも大規模化を

目指し、小売分野への参入促進を行ってユーザーへのコンテンツやサービスを巡る競争を展開する小売サービス多様化モデルという選択肢を提示した。

論点整理に掲げた方向を段階的に実現した現在、競争の主戦場が小売サービスにあり、供給力確保等に関わるリスクや混乱が生じている状況に鑑みれば、澤氏の的を射た論考の意義が改めてみえてくる。

◆安全規制の厳格化

3・11以降の東京電力福島第一原子力発電所の連鎖的な事故の拡大は、炉心溶融、水素爆発、大量の放射性物質の外部放出によって、立地地域や社会に対して多大な迷惑や心配をかけるに至ったという重い事実となり、原子力安全に対する社会的不信へとつながった。

喫緊の事故対応を経て、事故原因の調査と対策の検討が求められた。当事者であった東京電力や政府はもとより、国会と民間を合わせた4つの事故調査委員会が設けられ、20

１2年2月から7月にかけて報告書が提出されて、検証と提言とが公表された。国立国会図書館の整理によれば、各報告書の論点の立て方は異なるが、事故防止策や事故発生時の危機対策に様々な問題があり、官邸の介入に問題があったこと等の指摘は共通する。また東電以外の報告書は、事業者である東電の問題点を厳しく指摘し、独立性と専門性の高い新たな規制機関の必要性を指摘した。

安全規制については、発電用原子炉等に関する、重大事故対策の強化、最新の技術的知見を既存の施設・運用に反映する制度の導入、運転期間の制限等の規定が追加される形で、大幅に強化された。また規制組織としては原子力安全・保安院と原子力安全委員会が廃止され、発電用原子炉の安全規制行政を一元的に担う新たな責任機関として原子力規制委員会が12年9月に発足した。こうして「安全確保を最優先に、世界において最も厳しい規制を追求する」こととされた。

それでも規制水準を満たすこと自体が原子力事業者の慢心を生み、新たな「安全神話」に陥ってはならない。

こうした観点から、総合資源エネルギー調査会電力・ガス事業分科会原子力小委員会に原子力の自主的安全性確保に関するワーキンググループが設けられ、14年5月に「原子力の自主的・継続的な安全性向上に向けた提言」をまとめた。この提言では、事業者、政府、メーカー、学会を含め原子力分野全体の取り組みが検討されている。

他方、当事者である東京電力は、「人智を尽くした事前の備えによって防ぐべき事故を防げなかったという結果を真摯（しんし）に受け入れることが必要」と総括して、発電所設備面の対策と組織内の問題解消を図る対策を「原子力安全改革プラン」として15年に公表した。

◆原子力長期計画の終焉

甚大な原子力災害の衝撃の中、原子力に対する国民感情や不信が根強く、原子力政策に関わってきた有識者や政策当局、そして政治家も、原子力政策について正面から議論することがはばかられるような状況が続いた。

事故当時までの原子力政策は、従来の原子力研究開発利用長期計画から名称を変更した「原子力政策大綱」（2005年10月閣議決定）を基本方針としており、原子力は基幹電源として30年以降も総発電電力量の30～40％かそれ以上を担うこと、原子燃料サイクルの確立、プルサーマルの推進などが示されていた。

その実現のための具体策は06年8月の「原子力立国計画」で、原子力政策立案に当たっては「中長期的にブレない国家戦略と政策枠組みの確立」や「公平な議論に基づく政策決定による政策の安定性確保」を基本方針とすることなどを明記している。

10年の民主党マニフェストには、政府のリーダーシップの下で官民一体となって原発や各種インフラシステムを国際的に展開する旨を掲げて原子力の海外展開を公約していたが、11年の原子力災害で状況は一変した。

内閣府原子力委員会では10年10月から新たな原子力政策大綱策定の議論が始まっていたが事故で審議は中断し、11年9月にいったん再開するも、12年5月に策定作業は中止となった。

ここに１９５６年以降継続して策定されてきたわが国の原子力研究・開発・利用に関する長期計画は幕を閉じた。

民主党政権下では、エネルギーベストミックスなどのエネルギー政策についての議論は、国家戦略担当大臣が議長を務める「エネルギー・環境会議」で決定し、電力システム改革や東京電力による損害賠償の進捗（しんちょく）管理などは官房長官を議長とする「電力改革及び東京電力に関する閣僚会合」で決定する。エネルギー・環境政策と電力システム改革は分断され、エネルギー・環境会議が関与するエネルギー基本計画の議論からも、一般電気事業者の代表委員は外された。

エネルギー・環境会議は12年9月に「革新的エネルギー・環境戦略」を策定し、「原発に依存しない社会の一日も早い実現」のため「30年代に原発稼働ゼロを可能とするよう、あらゆる政策資源を投入する」とした。

第7章

脱・善意の安定供給

執筆　戸田　直樹

2013年 -

◆システム改革への突進

東日本大震災後、電力システム改革議論が大きく方向を変えた契機は、大量の電源設備の津波被害に起因して関東地域で発動された計画停電であった。２０１１年末に民主党政権下の政府が公表した「電力システム改革タスクフォース論点整理」でも、「東日本大震災によりわが国の電力供給システムに内在していた問題点が顕在化」と表現している。

もっとも、電気の供給力が想定をはるかに超えて大量に失われれば、ブラックアウト回避のために部分的な停電を許容するのは正当なオペレーションであるし、計画停電の実施事例は先進国でも普通にある。

東日本大震災が発生した11年に限っても、直前の2月には米国テキサス州で寒波に起因して、夏には韓国で猛暑に起因して発動されている。これらのうち、日本のものが原子力事故の発生もあり最も政治問題化した。

そして、タスクフォースが指摘した問題点とは、総じて市場原理の不徹底であり、その後日本の電力政策は新規参入促進・競争促進に大きく舵を切っていく。

そんなころ、ある審議会である委員がおおむね次のようなプレゼンテーションをしたことを覚えている。「心理学の分野で、リスク認知バイアスと呼ばれているものがある。人には、身近な利用しやすい事例だけに頼って判断してしまう、知的ショートカットと呼ばれる傾向がある。この傾向故に、大災害直後の政策決定は、直前で起こった災害を他のリスクよりも必要以上に過大評価してしまい、不合理なものになりやすい」

欧米の電力自由化は、法的独占下で余剰傾向にあった発電設備をスリム化する必要性から進められた事例が多く、需給がタイトな中で断行された米国カリフォルニア州は電力危機に陥っている。当時の日本の状況に鑑みれば、まずやるべきは供給力の回復であり、それを待たずに競争促進に舵を切ったのは、リスク認知バイアスに影響された不合理な政策決定に筆者には思える。

他方、電力システムを巡っては、分散化・脱炭素化・デジタル化といったより大きな変革ドライバーが近年顕在化しており、それらに震災前の一般電気事業者の「善意」で対応できるとも思えないので、改革はいずれにせよ必要だったとも言える。ただ、震災後のバイアスに影響された改革は負の遺産もある。20－21年冬の需給逼迫は、この負の遺産が顕在化した事象と筆者には見える。

震災後の電力システム改革は、総合資源エネルギー調査会の下に新設された電力システム改革専門委員会において12年2月に本格的な議論がスタートした。そして、議論が継続中の同年12月に衆議院議員総選挙が行われ民主党が下野、第2次安倍政権が発足する。

前政権は、東日本大震災、原発事故、計画停電の記憶が生々しい中、原発ゼロ政策を打ち出した。新政権は原発ゼロ政策については、リアリティーがないとして早々に見直しを表明した。しかし、電力システム改革については、前政権の議論がそのまま踏襲された。

13年2月の日経新聞は次のように報じている。

〈早くから茂木敏充経産相の腹は固まっていたようだ。民主党政権で電力改革を導いた仙谷由人元官房長官と自民党政調会長の時から接触。「あれだけの事故を起こしても安倍政権は安全な原発を再稼働する。電力が何もしないのはあり得ない」。経産省幹部は茂木氏の心中をこう推し量る。「懸念があるからいま決められないということでは困る」。経産省が開いた1月30日の電気事業連合会との懇談会。茂木氏は電力各社の首脳に協力を迫った。その少し前にはエネルギー政策に影響力を持つ甘利明経済再生相と会い、甘利氏は

「好きなようにやればいい」ともらしたという。電事連の外堀はほぼ埋まった〉

当時、自民党政権の復帰により、改革議論が軌道修正されることを期待した電力関係者はそれなりにいたと思う。筆者もそうであったが、残念ながらそうはならなかった。当時この日経記事を読んだ時、政権は「不人気な政策である原子力再稼働を進めるバーターとしてのシステム改革」という認識なのかなと感じるとともに、供給力の回復に並行して取り組まれるなら仕方ないかなどと思ったことを覚えている。とはいえ、事故の当事者である東京電力以外の電力会社にとってはそんな割り切りも難しかろうとは想像できた。

こうした経緯を経て、13年2月に電力システム改革専門委員会報告書が採択、4月には「電力システムに関する改革方針」が閣議決定され、①安定供給の確保②電気料金の最大限の抑制③需要家の選択肢や事業者の事業機会の拡大――を目的に、①広域系統運用の拡大②小売及び発電の全面自由化③法的分離方式による送配電部門の中立性の一層の確保――を柱とする3段階の改革の実施が決まった。

◆広域機関の役割とガバナンス

「電力システムに関する改革方針」に基づく改革の第1段階は、電力広域的運営推進機関の設置を柱とする広域系統運用の拡大である。広域機関は２０１３年の改正電気事業法に基づき設置され、15年に運用を開始した。全ての電気事業者に加入する義務がある。

もともと電気事業法は、第28条で広域系統運用の推進をうたっているが、それまでは各区域の一般電気事業者を中心とする取り組みであった。電気事業法には、政府が関与する権限（勧告、命令）が規定されているが、自家発等の発電設備の保有者が法律上、電気事業者としての位置付けがなく供給命令の対象になっていないので、事実上実効的な発動は難しく、一般電気事業者がお願いベースで発電を依頼していた実態であった。

このような従来の仕組みでは、東日本大震災後の需給逼迫のような過酷な状況に対応するには不十分であると分かったことが、広域機関設立の背景にある。

電力需給が逼迫した時、広域機関は供給力に余裕のある電気事業者に、電気が不足している区域への応援を指示する。併せて、自家発等発電設備の保有者も今後は電気事業者として電気事業法上位置付けられるので、供給指示の対象となる。従来の仕組みは、応援の要請を判断するのは一般電気事業者であり、応じるかどうかも個々の一般電気事業者の判断であったが、広域機関設立後は、広域機関が必要性を判断し、各事業者に指示を出す。

この仕組み、筆者は実は課題が残っていると思っている。広域機関は、あらゆる電気事業者に指導・勧告・指示等を行うことが予定されているが、その結果責任については曖昧である。例えば、前述の需給逼迫時の応援融通について、応援をする側は予備力が減少することになり、自らの需給に対してリスクを負う。これまでは各事業者が自らの責任でリスクを負って応援要請に応じることを判断していたわけであるが、広域機関が各事業者に指示を出し、事業者がそれに従った結果としてリスクが顕在化した場合の責任のあり方は実ははっきりしていない。

20－21年冬に発生した全国的な需給逼迫は、広域機関、一般送配電事業者各社、政府の緊密な協力で綱渡り状態の需給を乗り切った。貴重な経験であり、今後マニュアルなどで生かされていくだろうが、この際、各者の役割分担だけでなく責任のあり方も整理されることを望みたい。

続いて、応援融通の指示以外の広域機関の主要業務を2つ紹介する。

1つ目は、長期的な電気の安定供給を確保するため、電気事業者が作成する供給計画を取りまとめることである。それまでは、一般電気事業者10社及び卸電気事業者2社が毎年度、資源エネルギー庁に供給計画を提出していたが、改正法では新電力や発電所保有者も含めたすべての電気事業者が供給計画を広域機関に提出する。震災後の電力システム改革のコンセプトは「各事業者がそれぞれの責任を果たすこと」であるので、この取り扱いは必然である。広域機関は、提出された供給計画を取りまとめて、全国大の長期計画として、政府に提出する。

2つ目は、広域系統運用に必要な設備（区域間連系線等）の整備について、自らイニシアチブをとって計画を策定することである。具体的には、中長期的な系統形成についての基本的な方向性となる広域系統長期方針や、B／C分析（費用対効果分析）のシミュレーションに基づいて主要送電線の整備計画を定める広域系統整備計画を策定することにより、発電部門と送配電部門を俯瞰（ふかん）したシステム全体としての合理的な設備形成を目指す。

こと、再生可能エネルギーの主力電源化を推進する上では、新増設電源からの個別の接続要請に対して、都度受動的に対応する「プル型」の系統形成では対応が難しくなってきており、再生可能エネルギーの電源立地に適した地域のポテンシャルを考慮し、主体的・計画的に系統形成を行っていく「プッシュ型」の採用に向けた検討が進められているところである。このようなアプローチは、発送一体型の一般電気事業者では扱える情報の制約もあり難しかっただろう。広域機関が主体となるからこそできるアプローチと思量する。

広域機関のガバナンスについて少し私見を述べる。プロパーを増やす方向とは言え、従業員の多くは電気事業者からの出向である。いつぞやの国会では旧一般電気事業者からの出向者を減らすべきといった議論もされたようなのであるが、筆者としてはむしろ発電・小売分野の出向者の必要性がよく理解できない。競合相手の供給計画や中立であるべき系統計画の情報を知りうる立場に競争分野の出向者を置くことは問題ないのだろうか。送配電部門の出向者だけで何か差し支えがあるのだろうか。

広域機関の定款では、理事長1名、理事4名以内、監事2名以内を役員として定め、意思決定機関として理事会を構成することが定められている。現在、理事長は学識者が務め、理事4名のうち、3名は企業出身者が務めている。この役員に求められる要件について、以前から思っていることがある。

現在の広域機関の定款では、退任した役員が「電気事業及び電気事業に密接に関連する事業の意思決定に関与する役員等」に就任することを禁じている（第34条）。これは再考するべきではないだろうか。

この規定の背景については、経済産業省が作成した広域機関の設立認可に係る基準に「（役員）退任後、電気事業者等の役職員となることを認めないこととするなど、その退任後も推進機関の中立性を確保する」との記載がある。

これは、おそらく民間等に天下りした役人が現役の役人に影響力を行使し、行政判断をゆがめるケースのアナロジーが念頭にあるものと想像する。しかし、役員ＯＢが広域機関の中立性をゆがめるような影響力を行使できるとしたら、それはむしろ広域機関のガバナンスを正すべき問題だ。

また、役員ＯＢが出身母体の企業に戻っても、電気事業とは無関係の事業の役員に登用されるのは、定款には違反しない。しかし本来、畑違いの適材適所でない役員登用は企業の利益にならない。となると、あえて企業の利益にならない処遇を与えることを約束することによって、役員在任期間中の当該役員の行動がゆがめられた可能性がかえって疑われる。つまり、退任後に電気事業に無関係なポストに就いたとしてもシロとは言い切れない。

役員に任期を設定し、新陳代謝を促すことは、組織のガバナンスとしてむろん望ましい。とはいえ、任期満了後は業界と決別することが条件では、役員のなり手が限定されてしまうこともあろう。役員ＯＢが、出身母体にそのまま戻るのは問題と考えるのは理解できる面はあるが、電気事業の同業他社にポストを得ることは許容してもよいのではないだろうか。畑違いのポストでくすぶってしまうよりも、広域機関での貴重な経験を生かして退任後も活躍してもらう方が、業界の発展につながるのではないか。

◆小売全面自由化に残る歪み

震災後の電力システム改革の第２段階は、家庭向けも含む電力小売の全面自由化であり、２０１４年に改正電気事業法が成立した。改正法では、電気事業者の類型が大きく見直され、機能別に当該機能の特徴を踏まえたライセンス制と呼ばれる規制体系に移行した。すなわち、発電事業（届出制）、送配電事業者（一般送配電事業は許可制）、小売電気事業（登録制）である。

全面自由化は準備期間を経て16年4月から実施された。開始後当面の間は、需要家保護のため旧一般電気事業者がみなし小売電気事業者と定義され、経過措置として料金規制と供給義務が維持されることとなった。

この経過措置は、地域別に競争状況を確認し、需要家の利益を保護する必要性が特に高いと判断された場合以外は20年4月以降解除されることが、15年成立の改正電気事業法に規定されているが、「電気の経過措置料金に関する専門会合」による検討の結果、20年4月の解除は見送られている。

この見送り判断について、筆者は旧一般電気事業者以外のステークホルダーに規制を解除するインセンティブがないゆえに安易に判断された印象を持っている。電気の使用者の利益を保護する必要性が（「ある」でも「高い」でもなく）「特に」高い理由が説明を尽くされたとは思えない。

規制を解除したとしても事後規制として市場監視がされることは当然であり、放任になるわけではない。同様に寡占市場の携帯電話料金との対比でもそれで問題ないのではないか。法的独占の担保なしに供給義務を課している経過措置の法体系は異例のものだ。その意味でもずるずる続けるべきではない。

実は、電気事業の１年後、17年に全面自由化が開始された都市ガス事業では、それと同時に、新規参入がほぼないにもかかわらず１００社以上の中小事業者の料金規制が解除されている。これら地域ではＬＰＧ、石油、電気等との競合があり、都市ガス利用率が50％以下だからとのことであるが、こうした競合は全国どこでもあるから、都市ガス利用率が50％以下である原因が当該事業者の非効率である可能性が排除できない。この規制解除は適当なのか疑問であると同時に、電気の料金規制政策とのアンバランスを感じる。

16年に電力小売全面自由化が実施されてから５年が経過したが、直近の新規参入者のシェアは20％超、５年前に自由化された家庭用でも20％超である。震災後、新規参入促進に大きく舵を切った成果といえるが、大手電力が余剰電力全量をスポット市場に限界費用ベースで入札する自主的取り組みを始めたことが大きかったであろう。

自主的取り組みといいつつ、16年には限界費用よりも高い入札価格を採用していた東京電力エナジーパートナーに業務改善勧告が出るなど事実上の大手電力に対する非対称規制となっている。これに限界費用ゼロのＦＩＴ（再生可能エネルギー固定価格買取制度）電源が市場投入されたことも加わり、市場価格はここ数年固定費回収がほとんど期待できないほどに安値安定で推移している。第4章で西村陽が「市場でなく配給所」と指摘したゆえんである。

しかし、ミクロ経済学の理屈では、電力需給がタイトになれば価格が電源の限界費用を大きく上回る水準までスパイクして、固定費回収が十分可能な価格が発現することになっている。その価格水準は、市場で電気が売り切れとなり、一部の需要家が電気を使うことをあきらめ、当該需要家があきらめる対価として受領する機会損失に等しくなる。もしそのようにならずに電源固定費が回収できないとすれば、それは発電設備（キロワット）が多過ぎる、もっと設備をスリムにすべき、ということになる。

しかし、そうした価格スパイクは一向に発生しなかった。一定の頻度でキロワットが不足し価格スパイクが起きる市場＝効率的な市場という価値観が関係者間で共有されず、予備率8％確保を必達目標にし、価格スパイクの芽をあらかじめ摘んでしまっていたからだ。

しかし、この冬になってキロワット不足ではなく、キロワット時不足による価格スパイクが起きた。スポット市場でキロワット時が売り切れて、供給曲線が垂直に立ち（図7－

〔図７－１〕

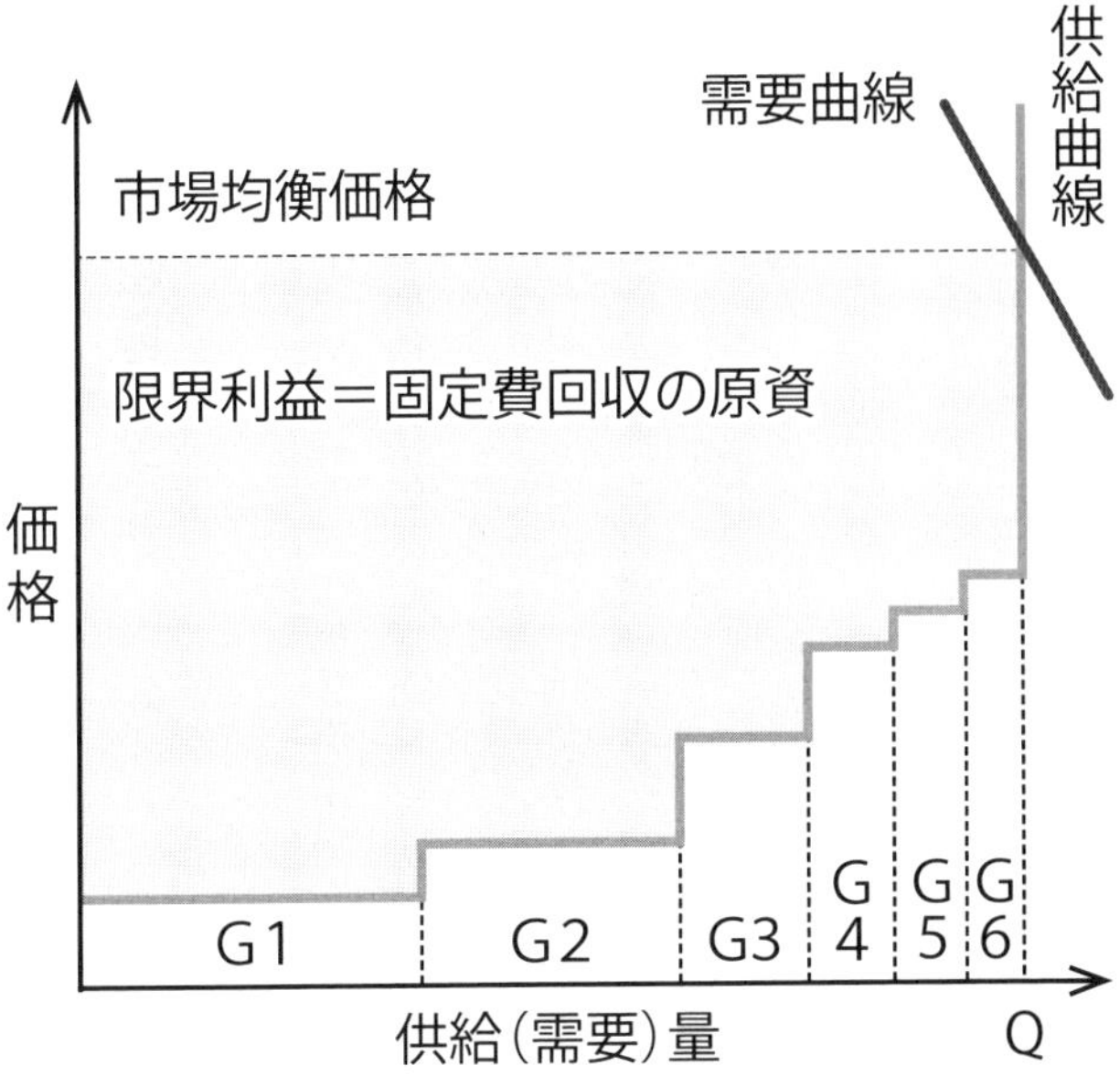

１）、買い手側の入札価格で価格が決まった。相対契約や金融商品などを用いてリスクヘッジをすることがばかばかしいような、ここ数年の安値安定のスポット市場が暗転、これに慣れてしまっていた小売電気事業者が、少なからずダメージを受けた。しかし、起こったことは前述の価格スパイクのメカニズムそのものであり、容量市場がなく限界費用で価格形成される電力市場では予定されていることだ。

◆法的分離に根拠はあるか

震災後の電力システム改革の第3段階は、送配電部門の中立性の一層の確保であり、具体的には送配電部門の法的分離である。２０１５年に発電・小売と送配電の兼業を禁じる改正電気事業法が成立、20年4月実施であった。なお、東京電力はライセンス制が導入された16年4月に他社に先行して法的分離を実施している。

電力システム改革専門委員会報告書から関連部分の記載を引用する。

〈わが国では、中立性確保のため、発送電分離の一つの類型である「会計分離」を03年の制度改正で導入し、併せて情報の目的外利用や差別的取り扱いを禁止してきた。しかし、制度改正後約10年が経過した現在に至るまで、送配電部門の中立性の確保がなお不十分であるとする指摘が絶えない。また、再生可能エネルギーや、コージェネレーション、自家発など分散型電源の推進という観点から送配電部門の一層の中立性確保を求める声も大きい〉

しかし、議論を振り返るに、法的分離の必要性について丁寧な議論が行われたとは言いがたい。「送配電部門の中立性の確保がなお不十分であるとする指摘が絶えない」のであるならば、それらの指摘を受けて、現状のどこに課題があるかを具体的に明らかにすることから始めるべきであったが、そのようなプロセスが踏まれることはなかった。

12年4月の第4回電力システム改革専門委員会では、事務局から「送配電部門の中立性に疑義があるとの指摘（事業者の声）」と題して、8つの事例が紹介された。これらの事例を掘り下げれば、課題の所在を明らかにできたであろうが、議論されることはなかった。

当該資料から1例だけ挙げてみる。

〈事例4　域内送電利用ルールの透明性・合理性

○発電事業者Cは、一般電気事業者④から「送電線の容量が厳しい」との指摘を受け、電源の稼働率の低下を余儀なくされた。

○他方、同じ送電線を経由して送電を行う一般電気事業者④の電源は、明らかに発電効率の悪い電源も含めて稼働している。

〇一般電気事業者④自身が設定・運用する域内送電線利用ルールでは、電源が立地された順に優先的に送電線の利用が認められるため、結果として、発電効率や環境適合性の低い電源が優先されるとの指摘がある〉

この事例を吟味してみる。

まず、「一般電気事業者④自身が設定・運用する域内送電線利用ルールでは、電源が立地された順に優先的に送電線の利用が認められる」というのは、誤解がある。「送電線利用は先着優先」というのは、送電線の利用にあたって当時日本で適用されていた一般原則である。一般電気事業者④はこの一般原則を忠実に運用していたにすぎない。したがって、これは、一般電気事業者④の送配電部門の中立性が問われる事例ではなく、単に発電事業者Cが既存の一般原則に対する不満を訴えた事例である。発電事業者Cは送電権オークション等、別の送電線利用ルールを提案すればよいのだ。

ここでは詳述しないが、他の事例についても、資料の記載を読む限り、送配電部門の中立性とは無関係な事例、単に「何となく不安である」の域を出ない事例がほとんどのように思えた。もとより中立性と無関係な事例に対しては、法的分離を行ったとしても、「何となくの不安」を緩和することはあるにせよ、本質的な解決策とはならない。

そして当時の委員会事務局は、これらの事例集を紹介しただけで、個々の案件について具体的に調査・解決のために動くことは全くなかった。その一方で、委員会の議論では当時送配電部門の中立性を担っていた電力系統利用協議会（ＥＳＣＪ）について、機能していない、事務局が電力会社の出向者で占められているからだ、権限がないからだ、といった意見が多数出されていた。この議論はフェアといえるのか。

当時の電気事業制度では、一般電気事業者に対する規制として、会計分離と行為規制を法定し、ＥＳＣＪあるいは行政が事後監視することで送配電部門の中立性を確保する立付けであった。つまり、資料で紹介された事例の調査は、当時生きていた制度の運用として当然に行政が行うべき業務だったのではないか。第3章でも述べたように、こうした不作為は、約10年前に自ら作った制度を自らスポイルしようとしているように筆者の目には映った。

このような経緯であったので、法的分離をなぜ採用するのか、これによりどのような問題が解決するのか、当時の議論から明らかにされたとは思われない。新規参入促進の意味で期待できる効果は、「分かりやすさ」「説明のしやすさ」程度であったように思われた。

◆「善意」の代替策の現状

震災後の電力システム改革の大きな特徴は、これまでの一般電気事業者の「善意」に依存する安定供給からの脱却である。

電力システム改革専門委員会報告書（2013年2月）に「新たな枠組みでは、これまで安定供給を担ってきた一般電気事業者という枠組みがなくなることとなるため、供給力・予備力の確保についても、関係する各事業者がそれぞれの責任を果たすことによってはじめて可能となる」とある通りである。そして同報告書では具体的な制度として、①小売電気事業者に対する供給予備力確保義務②将来発電することのできる能力を取引する容量市場③最終手段としての電力広域的運営推進機関が電源建設者を公募入札する広域機関入札――が打ち出されている。

このうち供給予備力確保義務は、その後の議論の結果、小売電気事業者は「最終的な実需給の段階での顧客需要の量」に相当する供給能力を確保する義務を負うものとされ、予備力確保義務は見送られた。この内容は14年の改正電気事業法で次のように法定された。

「第２条の12　小売電気事業者は、正当な理由がある場合を除き、その小売供給の相手方の電気の需要に応ずるために必要な供給能力を確保しなければならない」

本条の趣旨について、「20年度版電気事業法の解説」には〈「小売供給の相手方の電気の需要」とは、時々刻々の需要家の行動、天候、気温の変化等による需要の変動分も含めた最大需要を意味しており、小売電気事業者はこれを上回る「供給能力」を確保することが求められる。すなわち、小売電気事業者が実需給断面において供給能力確保義務に対応するためには、通常想定される需要に対応する供給能力に加え、需要の上振れ等の可能性に対応するための一定の供給予備力を確保することが求められる〉とある。

すなわち、予備力確保義務を明示的に法定していないものの、実需給断面の顧客需要に対応するには、必然的に何らか予備力を確保するはずという解明である。震災前の「責任ある供給主体」であれば、自社電源や相対契約主体で予備力を含む供給力を確保したであろう。しかし震災後は、事実上の非対称規制により大手電力の余剰供給力が限界費用で投入されるスポット市場に依存することで、小売電気事業者は容易に義務を果たすことができる。実態はこの解説の期待と乖離している。

改正電気事業法で法定された供給能力確保義務は、「解説」のとおりに運用されていたとしても、従来一般電気事業者に課されていた供給義務とは似て非なるものである。各小売電気事業者が確保した供給力を積み上げたものが、電力システム全体として必要な供給力以上となる保証はないからである。

そのような供給能力確保義務の限界を補完するため、電力システム改革専門委員会報告書では容量市場と広域機関入札を整備することを打ち出した。広域機関入札は、市場原理に委ねるだけでは将来供給力が不足すると見込まれるときに、広域機関自身の判断あるいは一般送配電事業者、国からの要請に基づいて入札の実施を開始する仕組みで、16年に整備された。

入札による供給力確保の手段は、①発電設備の新増設（主に中長期の供給力確保）②休止または廃止電源の再起動（主に短期の供給力確保）③既存発電設備の維持（休廃止による需給逼迫、リスク対策）――であり、入札に応札する事業者は、電源の建設・維持にあたり補填を希望する金額を提示し、最も安い補填額を提示した事業者が落札する。この補填額は、全需要家で広く薄く負担する（託送料金へ上乗せして回収する）。

広域機関入札は、現時点で実施されたことはなく、24年度の容量市場導入以降は、容量市場では間に合わない短期の供給力確保手段に特化していくと思われる。他方、足下では経年火力の休廃止が進展し、22年1、2月の関東エリアが1点ピークに対して予備率がマイナスとなるなど、需給はタイトになっている。24年度よりも前に初めて実施されることもあるかもしれない。

容量市場は電力システム改革専門委員会報告書では導入時期は明記されていなかったが、16年に供給計画の取りまとめを行った広域機関より、①変動型再エネの導入拡大に伴い火力発電所の稼働率の低下が見込まれること②中小規模の小売電気事業者の中に中長期的な供給力の多くを「調達先未定（≒配給所と化したスポット市場依存）」としているケースが多いこと――を懸念して、実効性のある供給力確保のあり方についての検討を求める意見書が経済産業省に提出されたことを契機に検討が本格化した。

その後3年ほどの検討期間を経て、20年に第1回のメインオークション（24年度向け）が行われたところである。

震災後の電力システム改革の工程表では、発送電の法的分離（＝発電・小売と送配電の兼業の禁止）は20年からであったが、福島原子力事故後に国家管理下に置かれた東京電力はライセンス制が導入された16年4月に先行して持株会社方式による発送電分離に踏み切った。先行実施にあたって、政府への要望事項を14年7月の第7回制度設計ワーキンググループでプレゼンテーションしているが、重要なものがいくつかあったので2つほど紹介しておきたい。

1つは「需給運用で用いる電源の確保」であり、資料の記載は次の通りである。

「系統運用者である一般送配電事業者が、調整機能を具備する全ての電源（調整電源）を対象として、直接指令を行い需給運用を実施できるよう、最終の需給計画提出以降の調整力について、系統運用者がそのような権限を保有できるようにすることが必要と考える。また、実需給での調整力確保のため、必要に応じて系統運用者も発電計画の調整ができるようにすることが必要と考える」

これは今でいう電源Ⅱの概念を示しているが、全ての電源を電源Ⅱとして活用できる権限を系統運用者に与えるよう求めるものであった。これはフランスの送電系統運用者（TSO）であるRTEが採用しているコールプログラムを参考にしたものであったが、当時ある発電事業者と意見交換をした際には、「設備の故障が増える」「燃料調達計画が狂う」といった理由で難色を示されたことを覚えている。

発送電分離をしても、ＴＳＯがこのような権限を持っていれば、需給運用の品質は分離前に近いものが維持されようし、太陽光、風力発電のような自然変動電源を主力電源化することが国策であるなら、ＴＳＯが利用可能な調整力は最大限確保できる環境が必須である。そして、今後需給調整市場の整備が進む過程で、旧一般電気事業者や電源開発（Ｊパワー）以外の発電事業者の意識も変わっていくことを期待したい。

結果的にこの要望はそのときは実現しなかったが、容量市場のリクワイアメントに、一般送配電事業者との間で余力活用に関する契約を締結することが含まれたことから、24年以降に実現する。全員参加型の需給運用が実効的に実現していくことを願いたい。

東京電力が国に要望していた事項で紹介したい２つ目は、「安定供給のための電源確保」である。

「大規模災害などによる電源の脱落が発生した場合、年間需要に対し、電力量（キロワット時）面で供給支障となるおそれがある」

「現状と同様の安定供給を確保するためには、長期的な電力量（キロワット時）不足時の対応力を確保する必要がある。特に、柔軟性は高いものの競争力の相対的に低い石油火力については、設備のみならず、石油精製能力の維持・確保に配慮した仕組みが必要と考える」

「このような稀頻度かつ大規模なリスクへの備えは、誰が担うべきか議論をお願いしたい」

平常時はピーク電源として活用しつつ、大規模災害により電源が多数脱落した場合などに柔軟なバッファーとして活用できる石油火力は、震災前はまさに一般電気事業者の善意でサプライチェーンごと維持されてきた。善意の安定供給から脱却するにあたっては、これらを維持する必要性を改めて判断し、維持する場合にはその担い手について議論を求めたものであった。

残念ながらこの要望は、これといった議論がされないまま、石油火力のサプライチェーンは大きく縮小し、代わりに大量の備蓄が難しく、供給の柔軟性で劣後するLNG（液化天然ガス）火力への過剰な依存が進展した。その結果起こったのが、20年末～21年初の需給逼迫である。震災後、原子力再稼働の遅れもあり、エネルギー安全保障上重要な電源の多様化がおろそかになっていたことを認識させられた事象である。

この需給逼迫に伴う価格高騰について、日本の電力市場の未成熟だとか、発電市場が寡占構造で競争が不十分だとか火事場泥棒的に主張される向きがあるが、同時同量の制約がある電気は、不足になれば停電の機会費用まで価格が上昇するのは商品の性格上むしろ当然で、未成熟なのは東アジアのＬＮＧ市場の方だ。それでも、未成熟を承知でこの市場に付き合っていかなくてはならないのが日本の現実であり、そのためにはバッファーとしての石油火力の復活も本気で検討する必要があるのではないかと筆者は考えている。国内の競争促進が解決策になると思うなら、そのメカニズムを示して頂きたいものだ。

第8章

非対称規制の暴走

執筆　西村　陽

2012年 - 2019年

◆混迷期の遺産

日本の電力自由化史を大まかに分けると2000年～10年の揺籃期と11年以降の発展・混迷期、そして18年以降の制度再構築期に分けて考えることができる、というのは本書でも折に触れて紹介してきたところである。今回からの項では、このうち発展・混迷期についてやや構造的に解説していきたい。ただの発展期ではなく「混迷」期であった、というのが大きなポイントである。

前章までに戸田直樹が整理したように、この発展・混迷期の枠組みは民主党政権下での電力システム改革専門委員会において、電力市場や安定供給システムについて必ずしも詳しくない学識者を含むメンバーで形作られた。自民党への政権交代後も同じ路線、すなわち9電力会社に原子力の再稼働の空手形を切りながら各種の情報圧力をかけ、国民に対して競争活性化で政策上の一種の目くらましをしようという形で始まったが、そのことの歪みは14年に閣議決定された「電力システムに関する改革方針」に典型的に見てとることができる。

この中で1つ目の柱に上げられた「安定供給の確保」は、原子力不稼働下にあっては必ずコストの上昇を意味するものであったが、2つ目の「電気料金の最大限の抑制」は、それとは矛盾する事柄である。この電力産業全体の高コスト化と小売り価格の低下、という本来健全な市場の下では絶対に実現するはずのない事象が13年から21年初頭の需給危機と市場価格高騰まで断続的に起こり続けるのだが、こうした状況を引き起こした政策と事業行動こそが前章までに戸田が指摘していた「負の遺産」である。

当時の特殊な政治状況・原子力に対する国民世論の下で、もともと自己矛盾しているこうした方針を検討するには、やや不十分な知識（例えばここでは海外の自由化にかかわる北米・欧州の知見を十分取り込むことができず、欠点が多く安定供給システム上の欠陥を持つテキサスの制度が持ち込まれ、現在の送配電分離のモデルとなった）で論じる委員たちが必要だったのは理解できる。

ただ本書の目的はそうした過去をあげつらうことではなく、「この時期の何が未来への示唆なのか」ということを明らかにすることなので、次節以降この「負の遺産」の中心であるいわゆる9電力に課せられた限界費用での卸市場投入の自主的取り組みについて見ていこう。

◆「非対称規制」と「限界費用」――錯誤の始まり

第4章で自由化の基礎としてパワープールとバランシンググループ（BG）制度の違いを説明した。日本では過去からの連続性と垂直統合・独占時代への一種のノスタルジーがあり、また規制当局は英国強制プールの失敗や制度激変のリスク回避の目的から、自然とBG制度、つまりゲートクロージャーを境に発電・小売り会社と送配電会社（系統運用者）が時間軸上で責任主体を分担し合う制度を選択したことを紹介した。

当時から20年以上を経て、電力市場の専門家たちはBG制度、特に日本や英国、あるいは米国テキサスのように大規模な他地域連系を持たない国・地域のBG制度について、主に次のような欠点を持つことを知っている。

①大手発電・小売事業者への非対称規制、つまり旧独占会社に本来の市場メカニズムと違う行動を強いることが可能であること

②この結果ハイリスクな需給計画（短期市場調達に偏った慢性的ショートポジション）を持つ小売事業者が出現すること

もちろん英国やテキサスはこのことが電力システムの安定性上大きな弱点であることを認識し、英国は国際連系線と需要サイドの活用によって、テキサスは極端な人為的スパイクを作り出す仕組みによって小売事業者に圧力をかけ、その欠点を補うようになってきている。

ただ、これらの国・地域の規制当局が非対称規制を使う誘惑からなかなか逃れられないことも事実である。そもそも非対称規制は、産業組織論的に支配的事業者の市場支配力を抑制し、競争を有効に機能させるために十分正当化される手法であり、「決してやってはいけない政策手段」ではない。ただし、その政策選択や期間が正しいかどうかは検証が必要となる。英国は14年、小売の強引な電話勧誘や不誠実な料金メニュー提示を行った大手会社に対して、罰則としてグロスビットという強制的な社内取引の卸市場経由化を指示した他、小売事業の利益率が一定範囲に収まるよう経営監視を行った。この場合、なぜセールス手法の是正ではなく、卸市場や利益率への強力な非対称規制が取られたのだろうか。実は、これは当時労働党の党首だったエド・ミリバンドが翌年の総選挙を戦うにあたって電力規制当局のＯＦＧＥＭの解体、電力再国営化をかかげて人々の電気・ガス料金への不満を吸い上げたことに対応したものであった。結果的にこの選挙はスコットランド民族党が躍進し、ミリバンドは敗北したためにＯＦＧＥＭは残ったが、政治状況に応じて非対称規制を打たなければならなかった例である。

日本の場合、限界費用での卸市場への投入の自主的取り組みとその長期にわたる継続という後々禍根を残す因習が生まれたのは、英国のグロスビッドより1年さかのぼる13年のことである。どのような経緯で何が起こったのだろうか。

12年6月の電力システム改革専門委員会において、小売市場の競争促進を強く求める意見が多く出される中、八田達夫委員（前電力・ガス取引監視等委員会委員長）は「需給の厳しい時はともかく、余剰の供給力がある時は卸市場に限界費用で出していくということでどうか」と発言し、結果的に有力な案となった。一方受け止めた大手電力各社が集まる電気事業連合会では、安定供給維持や電源確保との両立を危ぶむ声があったものの、後に電力側代表の委員から自主的取り組みとして限界費用での卸市場投入の方針が表明された。

ここで問題になるのは、ここまでの章で戸田直樹も指摘しているように「限界費用」と

〔図8－1〕

メリットオーダーカーブの平坦化

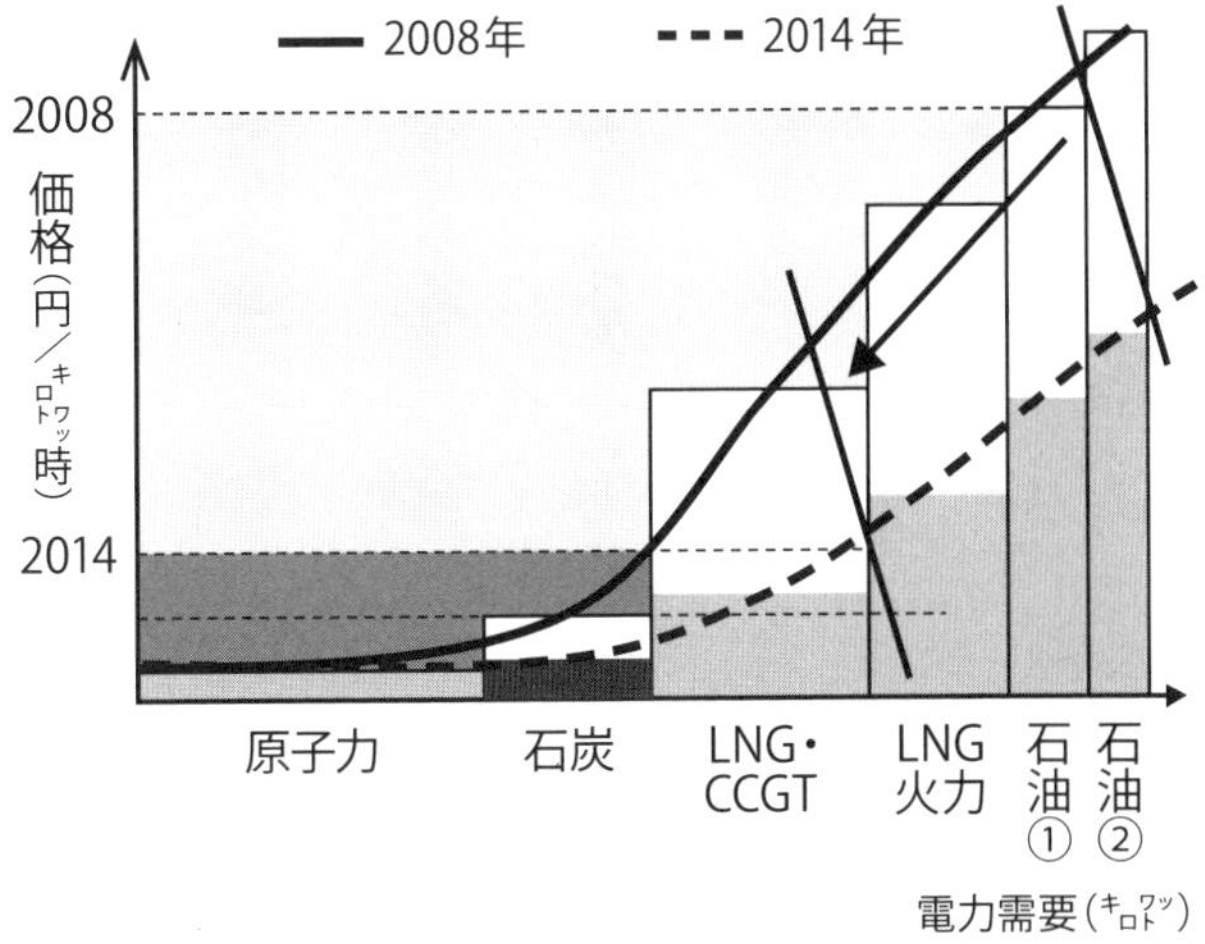

は何か、ということである。発言した八田は、平常価格（多くは水力なので可変費ゼロ）の数十倍のスパイクが日常的に起こる北欧ノルドプールシステムに精通した優れた経済学者であり、ノルドプールの限界費用は需給逼迫時においては需要側の削減オファー単価（いわゆる確定数量契約を持つ北欧では購入契約の市場への売り戻し価格）である。まさかこの「限界費用」が単純可変費（燃料費＋設備維持費）で、実質的にスパイクが禁止された状態で監視当局によってモニターされることになるとは経済学者のセンスとしては考え

ないはずである。逆にいうと、このことを不思議に思わない者は経済学者ではない。

一方電力側も、この「限界費用」という言葉にきちんとした認識共有があったわけではない。この議論のあった13年時点で、日本のメリットオーダーカーブは需要の減退と石油・天然ガス価格の低落によってほとんど傾斜を失って平たんになっており（図8－1）、もしも需給の逼迫時にスパイクもせず可変費＝燃料費が続いてしまえば小売市場価格は可変費による卸市場価格に引っ張られる。すると多くの未償却固定資産を持ち、その中心である原子力資産がほぼ座礁（ストランデッド）しかけている大手電力会社は、深刻な経営危機に陥ることは経営者ならだれでも分かったはずである。

そこには「少なくとも非ピーク期とピーク期は違う扱いになるはずだ」「今当局の圧力をかわしていれば電源は自分たちが持っているのだからなんとかなるだろう」という致命的な思い違いがあった。世界の電力経営の歴史でこれほどひどい認識ミスをした事例は他にない。

結果として、市場支配力の抑止という導入動機と手法は十分正当化できるものであった限界費用での1日前市場投入が、長期固定の金科玉条となってしまったことで、日本の電力卸・小売り市場に様々な副作用を引き起こすのである。

◆止まらない錯誤の連鎖

電力システム改革専門委員会で策定された「電力システムに関する改革方針」は、規制当局にとっては実質的に２０００年の電力小売自由化から10年にわたって停滞していた小売競争、特に９電力会社も巻き込んだ市場争奪を実現することが目標となった。

そのための政策当局側の最大の武器が、「自主的取り組み」という名の非対称規制による可変費１日前市場投入であり、13年度から始まった結果、東日本大震災前に２％だった新規参入者（これも民主党政権下で新電力と呼称変更された）のシェアが14年度には７・６％、１日前市場の取引量は同じく震災前の０・５％から２・６％まで上昇した。

こうした状況の下、可変費投入、小売・卸市場活性化の担当当局となったのが、15年９月に発足した電力取引監視等委員会（以下電取）である。

もともとこの組織は、エネルギー政策を担う資源エネルギー庁と、市場・競争を規制する当局は独立であるべきとの視点から、例えば米国のＤＯＥ（連邦エネルギー省）とＦＥ

RC（連邦エネルギー規制委員会）をイメージしていた。しかし、結果としてFERCのような系統工学・経済学者等による専門家集団になる前に、引き継いだ競争促進策の番人として非対称規制のフォローアップに追われることとなってしまった。

ただ、14年度の新電力の電力調達の中での1日前市場調達はまだ10％に過ぎず、常時バックアップが約2割、相対調達が6割となっている。1日前市場の電力市場全体のシェアは繰り返しになるが、増加したとはいえ2・6％に過ぎないというのが実態であった。つまり、この時点で電取の競争促進策が安定供給を脅かしているとはいえず、価格の低下は確かに大手電力の経営状況にボディーブローのようにダメージを与えていたものの、21年初頭のような大量の1日前市場依存型新電力は存在していない。

もちろんこの市場メカニズムの封殺ともいえる施策を続けた電取にも責任があるものの、この可変費で形作られた1日前市場による混乱を加速させ、後の21年初の需給危機を招いたのは、実は東京電力の実質国営化に端を発し、16年前後から本格化した9電力会社自身の顧客争奪戦、いわゆる電力間競争であった。

もともと大手各社の電気料金メニューは、未償却の電源固定費をキロワット料金とし、それに変動費を加えてできていた。しかし、メリットオーダーカーブに段差がなくなった状態で可変費出しが常態化すると、たとえ平均可変費で優位に立っていても新電力に価格で勝てなくなり、それに対抗するには固定費の回収を諦めるか、回収年限を引き延ばすしかない。本質的には電源を大量に捨てて除却するか、帳簿上減価するしかこの問題を解決する方法はないのだが、この時期の電力経営者たちは「とにかく今の売り上げ減を補えば新電力は対抗できずに消えて元の９電力体制に戻る」と思ったのかどうか定かではないが、除却も減価もせずに価格戦に出て見かけの売り上げを短期的に増やす、という行動をとった。

先陣を切ったのが準国営化によって自主経営権を失った東京電力である。テプコ・カスタマー・サービス（ＴＣＳ）というグループ会社を使って全国展開した同社は、各地で価格戦を展開し、各地域の電力会社（見なし小売電気事業者）、新電力から顧客を獲得した。その背景には電力間競争を望む大株主の意図があったことは言うまでもない。

この後関西、中部、九州といった大手電力系の小売会社が大都市圏を中心に広域競争に踏み切り、現在に至る大規模電気事業者の全国営業体制ができることとなった。

このことの示唆は単に電力間競争が起きた、ということだけではない。それまで新電力がとってきた、相対調達を含めコストをかけてでもできるだけリスク回避をする、という姿勢が一気になくなったのである。電力大手が電源固定費回収の一部または全部を諦めると、短期市場調達に依存する新電力は価格競争に勝って顧客を確保することはできない。つまり、新電力が経営を持続するにはより調達コストを下げられる市場依存を強め、顧客獲得だけに注力するしかなかった。非対称規制を長期にわたって続けた時のBG制度の欠点が頭をもたげたのである。

筆者は16年に英国ケンブリッジ大学から依頼を受け、「エコノミックス・オブ・エナジー&エンバイロメント・ポリシー」に「福島事故後、日本のエネルギー政策はどのような錯誤が生じたのか」という論文を執筆した。

これは、日本で起きていることを英語圏の電力・エネルギー学識者に発信する意図で書いたもので、そもそも震災後に原子力が停止し、急に1次エネルギー調達の主役となったLNG（液化天然ガス）の価格高騰で、本来数年間にわたって電力価格を上げてエネルギー基盤を整備しなければならない10年代前半に、「脱原子力をすれば電力システムは良くなるはず」「競争を導入すれば価格は安くなるはず」という錯誤（Discrepancy）に国民、政治家、行政全体が熱病のようにとりつかれ、間違ったエネルギー政策が連続的にとられた点を紹介している。この時点で日本は電力9社の財務基盤毀損（きそん）、原子力の不稼働継続と運転差し止め、燃料費高騰といったリスクに直面しており、エネルギー政策の再構築が望まれる、と結んだ。

だが、現実にはエネルギー政策の再構築はこれ以降まったく進まなかった。むしろ直面するリスクの中にあっても、「原子力が止まっていても電力システムは良くなる」「競争すれば価格は下がる」という錯誤を続ける中での可変費投入、そしてその後起きた9電力の短期業績に目がくらんだことによる価格戦が事態を悪化させてしまった。

本来上下動する電力卸市場が長期にわたる非対称規制によってその機能を殺され、日本の電力に災いをなしたことに関するこの第8章は、もともと「可変費地獄変」という副題で書き始めていた。芥川龍之介の「地獄変」は、絵師の良秀が描くことを命じられた「地獄変相図」を納得できるものにするため、依頼した大殿に「生きた女が牛車に乗って焼かれるところをみないと描けない」と希望したところ、大殿の女御に上がっていた良秀のまな娘が牛車に乗って焼かれ、良秀は恍惚（こうこつ）の中で絵を書き上げた翌朝縊死する、という一種悪魔的な美しさを持つ話である。

「競争の活性化」と「価格の低下」という一種の規制政策の芸術を実現しても、電力産業や市場自体が破滅してしまってはまさに「地獄変」である。後を継ぐ人々はこのことを心に刻まなければならない。

◆経過措置が解除できない仕組み

旧電力会社への典型的な非対称規制として限界費用での1日前市場投入の経緯とその悪影響について述べたが、性格が近いものとして2018～19年に行われた小売経過措置の解除議論について、制度論や海外比較を含めてみておきたい。ここにもまた日本独特の事情とスタイルがあるからである。

電力の小売自由化を家庭用にまで広げた後どのような料金制度にするかは、実は自由化した国・地域によって大きく異なっている。まずニューヨーク、ペンシルベニア、マサチューセッツなどの米国の自由化州では、送配電事業者が州政府の総括原価規制を受ける規制料金でのサービスを提供している。コンソリデーテッド・エジソン、PECO、ボストン・エジソンといったかつての名門電力会社がそれで、家庭用の規制料金は恒久的に存在しており、販売する電気の価格と調達先は、現在は大手供給会社間の入札で決められている。新規参入者に切り替えたユーザーはいつでも規制料金に戻ることができ、米国独特の冬の需給危機で新規事業者が多く破綻した際には、規制料金に大量のユーザーが戻り、「バック・トゥー・デフォルト」といわれたりした。

これに対しテキサスや欧州では、規制料金の存在が自由化の下での競争をゆがめるとの考えに基づき、規制料金の撤廃が進められている。ドイツでは、かつての規制料金に相当するメニューは「基礎的メニュー」と呼ばれているが、料金規制は課せられていない。また、自由化後のメニューの中では比較的単価の高いメニューなので、いったん自由化メニューに移ってから戻る例は少ない。一方、自由化メニューより規制メニューの方が低価格であったフランスや、規制当局ＯＦＧＥＭが強力な上限キャップをかけている最近の英国のように、事情の違う国もある。

さらにテキサスになると、自由化メニューに切り替えた顧客が元の旧規制メニューに戻ることは認められておらず、旧規制メニューは自由化実施後数年でほぼ消滅した。契約先の破綻などで供給が受けられなくなったユーザーは、いったん指定された最終保障サービスに入って新しい契約先を探すことになるが、その水準は標準的料金の2～3倍になる。さて、こうしてみた時、日本の経過措置である「特定小売供給」の制度はどの国・地域に似ているだろうか。出戻り可能な規制料金メニューがある点ではペンシルベニアやニューヨークに、その提供者がみなし小売電気事業者である点では欧州に似ているというハイブリッドの制度となっている。

現在の日本の自由化制度は当時の電力システム専門委員会がテキサスをひな型として設計したものであり、（送）配電と小売を分離するという、世界でもほぼテキサスと英国にしかないマイナーな形をとっている。検針やコールセンターを含む配電と小売を一体とした上で、その会社がスイッチングシステムだけでなく、請求サービスや電話受付まで全小売事業者に公平にサービスを提供すると新規参入のハードルは低くなるが、日本の制度で小売に参入しようとすると、自ら請求や受付が必要になる。日本の家庭用の小売プレーヤーがガス会社や携帯電話会社など、既存顧客を持つ者に極端に偏っているのはこのためである。

一方で日本の経過措置約款ではエネルギー弱者保護効果を持つ三段階料金、つまり少量使用ユーザーの単価上昇を抑え、使用量の多いユーザーから補填（ほてん）する枠組みがそのまま残されている。「貧しい者の電気料金をどうするか」ということは各国共通の話題であり、多くの国は税や託送料金を原資とする需要家保護プログラムでこれに対応しているが、日本のように三段階料金という形で顧客間の再分配によって実現しようとする仕組みは、筆者の知る限り世界で日本とフロリダにしか存在しない。

家庭用の自由化実施前は給湯電化などの選択メニューを除く全数であった小売供給約款に基づく供給は、時間の経過とともにシェアを落としていき、米国であったような自由化メニューの極端な値上がりや新規参入者の破綻がない限りなかなかシェアは戻らない。このため、年数が経過すればもはや顧客間再分配によって貧困者保護を行うことは困難になる。さて、18年の経過措置の解除論議の際に、これだけの背景をきちんと知って論議に臨んだ者はどれだけいただろうか。


19年度末に一応の期限を迎えるはずだった小売経過措置の解除についての実質的検討は、18年秋から翌年春にかけての「電気の経過措置に関する専門会合」の場で行われた。

本来経過措置は「当分の間」に限って実施されるものであり、自由化の進展とともに解除されるべきだ、という点は会合に参加した多くの委員が強調した。代表的なものとして国際環境経済研究所の竹内純子委員が提出した意見書には、以下のような指摘があった。
・経過措置は解除が原則

・想定されていた利用者保護は限定的、というのが制度の立て付け
・市場の事後監視があるのに値上げの可能性がある、というのは論理破綻
・もともと激変緩和のものであり、長期残置は供給義務含めて不合理
・社会的弱者の保護は本来社会政策で実現するもので、クリームスキミング（いいとこどり）を誘発する制度を長期で続けることには正当性がない

すべて電力制度を正しく理解する者の当然の意見であるが、専門会合の議論はこの正当な方向にはいかなかった。前提としてあったのが、小売全面自由化の実施時によく語られていた「競争が進展すれば幅広いユーザーにメリットが広がる」という一種の神話が、時間がたってまったくの作り話であることがわかったという点である。

日本のような逓増料金制では、少ない使用量のユーザーの価格は比較的安価になるので、それを獲得しようとする新規参入者は基本的に現れない。三段階料金を採用していない世界のほとんどの国・地域では、自由化すれば貧困者が支払う電気料金は上昇している。この点にどの程度目をつぶるか、あるいは貧困者を保護するためのプログラムをどのように設計するのかというのが、本来の経過措置解除の議論である。

また、テキサス型を採用した結果、コールセンターや契約管理に大きな投資が必要な日

本の自由化の下では、経過措置解除の判断基準として設定された「5%以上のシェアを持つプレーヤーが2者以上」という条件も、ガス会社以外のプレーヤーがそれぞれの電力管内で5%を獲得するのは小売自由化実施以降の4年間では不可能であり、実質的に解除をさせないための基準となった。

専門会合での議論は、大きな対立や論議もないままに、本来の制度の立て付けであったはずの「原則解除」の道を踏み外し、経過措置を維持する方向に流れていったが、そこには既存事業者（みなし小売電気事業者）側の事情もあった。

既に述べたように、保護対象となっている少量利用ユーザーのほとんどは、既存事業者と特定小売供給契約を結んでいる状況にある。電気料金全体が上げ基調にある時ならともかく、議論が行われた18年から19年春は、電源側への非対称規制である限界費用での前日市場投入の影響から新電力による大胆な安値提案が続き、家庭用を含む小売料金は下がり基調であった。そうした状況で仮に経過措置が解除されたとしても、既存事業者が本来赤字である少量利用ユーザーに対して従来の水準での料金メニューを廃止し、値上げを交渉することは、事後監視などもある中、ほとんど不可能だったといえる。

さらに専門会合の議論は、経過措置の解除条件としての内部補助や電源への公平なアクセスなど、本来の課題から離れた検討へと迷走していった。このことも既存事業者側をひるませた原因である。

理論的には、限界費用での余剰電力の投入という、世界的に異例の、強い非対称規制が長期継続している状況では、電源の内部渡しの是非を議論すること自体意味がない。既にメリットオーダーカーブは寝てしまっているので、前日市場での取引と相対での取引の間に一方的な有利不利は存在しないからだ。

つまり、この時期の電源アクセス論自体ほとんど意味はなかったのだが、この論議が流行だったのか、一部の委員の不見識だったのかは判然としない。

ただ思い返してみるとこれも各国や地域の制度をつまみ食いしつつ、制度の持続性や最終的な信頼度確保への影響といった重要な論点を見逃したまま、電源側支配力問題ばかりに手をとられてしまう日本の自由化独特の悪さが出た象徴的な出来事であった。もともとは電源流動化をとらないＢＧ制度に起因することであり、そのことがいろいろな局面で負の遺産となって作用していることがわかる。

19年4月、専門会合は経過措置の継続を認め、顧客間補助の持続性問題は先送りされることとなった。

第9章　続　脱・善意の安定供給

執筆　戸田　直樹

2016年 -

◆ベースロード市場に意義はあるか

2016年9月、総合資源エネルギー調査会の下に「電力システム改革貫徹のための政策小委員会」というちょっと「熱い」名称の会議体が設置された。同年4月から電力小売の全面自由化が実施され、次のステップである20年の発送電の法的分離、経過措置としての電気料金規制の解除を念頭に（後者は結局先送りとなったが）、「更なる競争活性化のための方策と自由化の下での公益的課題への対応を促す仕組みを整備し、電力システム改革を貫徹する」ことを目的に掲げていた。中間とりまとめは翌17年2月、短期間で大きな方向性を示し、具体的な制度設計は電力・ガス基本政策小委などに引き継がれた。

貫徹小委で重点的に検討されたテーマに、原子力発電に係る2つの財務面の課題がある。いずれも福島第一原子力発電所事故後に顕在化したものである。

1つは、事故前に未整備であった原子力事故の賠償への備えである。事故後、政府は原子力損害賠償支援機構法（14年に原子力損害賠償・廃炉等支援機構法に名称変更）を制定し、原子力発電事業者は事故に備えた保険として、毎年一定額の一般負担金を原子力損害賠償・廃炉等支援機構に納付している。

原子力損害賠償法の趣旨に照らせば、本来事故発生前に整備しておくべき仕組みであったが、結果して整備が後追いになった。事前に整備されていなかったので、そのための費用を規制下にあった電気料金原価に算入できていない。しかも、16年に全面自由化されたので、今後の費用回収も担保されない。

つまり、自由化が行われる前に電気を使用していた消費者が本来負担すべきであった費用があったはずであり、それを自由化後に原子力発電事業者に残った需要家だけが負担するのは需要家間の公平性の観点から問題がある。こうした立論から、一般負担金の過去分として総額２・４兆円を、託送料金に加算して全需要家から回収することとなった。

２つめは、早期廃炉を選択する原子炉に対する手当である。原子力依存度の低減という国の政策を踏まえ早期廃炉を選択すると、当時の制度では、廃炉費用の引き当てが十分でないため不足分を一括費用計上する必要があり、経営へのダメージを懸念して廃炉の判断がゆがむ可能性が指摘されていた。そのため、自由化後も規制料金である託送料金による回収を制度上担保しつつ、数年に分割して費用計上することができるようにした。

貫徹小委では、「市場メカニズムを有効に活用しつつ、3E+Sの実現を目指すこと」を目的に新たな市場がいくつか検討された。ベースロード電源市場、非化石価値取引市場、容量市場などである。

ベースロード電源市場は、「旧一般電気事業者が安価なベースロード電源の大部分を保有または長期契約で調達しているため、新規参入者のアクセスが限定的であり、競争活性化の障壁となっていること」の解決策と位置付けられている。

ただし、送配電網と異なり発電設備は不可欠施設ではないから、本来イコールアクセスを確保する必要はない。むしろこれまで紹介してきたように、余剰供給力の限界費用投入により、新規参入者はミドルロード・ピークロード電源については既存事業者よりも好条件でアクセスができているので、これに加えてベースロード電源をイコールアクセスとするのは、既存事業者への逆差別になる。

他方、原子力関係費用の託送回収について、貫徹小委の中間とりまとめには次のようにある。

「原子力に関する費用について、託送料金の仕組みを通じた回収を認めることは、結果として、原子力事業者に対し、他の事業者に比べて相対的な負担の減少をもたらすものである。このため、競争上の公平性を確保する観点から、原子力事業者に対しては、例えば、原子力発電から得られる電気の一定量を小売電気事業者が広く調達できるようにするなど、一定の制度的措置を講ずるべきである」

すなわち、ベースロード電源市場は、原子力関連費用の託送回収を認めることとのバーターの面もあるだろう。託送回収のうち、一般負担金の過去分は電気事業制度の不備により発生したものであり、原子力発電事業者の責任ではないのに、これら事業者が不利益を受けるのは理不尽にも感じるが、現実的な判断をしたということだろう。

このような過去分の回収は、04年にもあった。使用済み燃料再処理など一連のバックエンド事業について、技術的知見が不十分で過去には見積もれなかった費用を最新の知見に基づいて見積もりを作成し、過去分の回収を制度化したことがある。そのときも新規参入者から原子力発電の電気へのアクセスが要望された経緯がある。2回目であったゆえに、応答は不可避であったのかもしれない。

ベースロード電源市場は、受け渡し期間が1年間の先渡し商品を売買する市場であり、旧一般電気事業者とJパワーには一定量の売り入札が求められる。オークションは毎年7月、9月、11月の年3回であるが、近く1月にも実施し年4回となる予定である。

直近の20年度の実績では、売り入札約2千億キロワット時、買い入札約560億キロワット時に対して、約定量は約30億キロワット時にとどまっている。約定量が多くないのは、スポット市場価格が低水準で推移していること、停止している原子力発電所の費用が売り入札価格に含まれていることなどから、買い側が魅力を感じる水準になかなかならなかったことがあると思われる。もっとも、21年年初にスポット市場価格の高騰があったことから、今後は価格を固定した契約のニーズが高まるかもしれない。

他方、ベースロード電源市場開始後の20年7月、電力・ガス取引監視等委員会は旧一般電気事業者各社に対して、「社内外の取引条件を合理的に判断し、内外無差別に卸売を行うことのコミットメント」を要請し、各社は応諾している。そうであればベースロード電源だけを特に取り出して市場化する意義はもはや薄いとも思える。

先述のとおり、発電設備は不可欠施設ではないから、本来イコールアクセスを確保する必要はない。内外無差別な限界費用に基づく卸売が発電部門の利益最大化行動であることは正しいが、あくまで短期的な話だ。固定費を含むコスト回収がおぼつかなければ事業として持続可能ではない。スポット市場が電源保有者を逆差別する市場になっている現状を放置して内外無差別な卸売を求めるのはフェアな議論とは言い難い。

すなわち、内外無差別な卸売は容量市場が適切に機能していることが条件になる。容量市場が機能していれば、スポット市場はキロワット価値を応分に負担した者同士の経済融通市場になる。他人が負担したキロワット価値にただ乗りする者がいないため、全ての市場参加者は限界費用により全電力量を市場投入するインセンティブを持つ。つまり、容量市場は、システム全体としての費用最小、すなわち広域メリットオーダーを自律的に実現するツールでもある。

電力・ガス監視委の制度設計専門会合での議論を側聞するに、この認識が共有されているように見えないのは残念だ。

◆非化石価値市場に見られる歪み

非化石価値取引市場は、非化石電源（再生可能エネルギー、原子力）による電気の持つ「非化石価値」を証書化し取引するために２０１８年に創設された。

小売電気事業者はエネルギー供給構造高度化法に基づき、調達する電気の非化石電源比率を30年度に44％以上にすることが求められており、非化石電源からの調達機会があまりない事業者も証書購入で目標を達成できる。

また、証書を購入した需要家は、非化石電気を使用していることをアピールすることが可能である。証書にはＦＩＴ（再生可能エネルギー固定価格買取制度）、非ＦＩＴ（再エネ指定）、非ＦＩＴ（再エネ指定なし）の３種類があるが、トラッキング付きのＦＩＴ非化石証書はＲＥ１００に活用することが可能なため、最近企業の引き合いが増えており、小売電気事業者を介さずに企業が直接購入できる制度変更が検討されている。他方、非ＦＩＴ証書は引き続き、小売電気事業者による高度化法の目標達成のために活用される。

もっとも、この高度化法、昨今の情勢を見るに、今でも意味があると言えるかどうか。

そもそも30年度44％という目標は、過去の温室効果ガス削減目標（13年度比26％）と整合している。これが46％削減と大きく引き上げられた。共連れで高度化法の目標を引き上げたとて現実的な目標と言えるかどうか。

そして、電気は最終エネルギー消費の30％未満を占めるにすぎない。残る70％強は需要場所における化石燃料の直接燃焼であるので、30％の電気のパイの中で非化石化を進めても、残る70％の電化が進まなければ二酸化炭素（CO_2）の大幅削減は不可能だ。しかるに、高度化法は電化にブレーキをかけかねない。

非化石電源の量に限りがあれば、その量÷44%が電力供給の上限値になるだろう。いやいや非化石証書の価格が上昇し、非化石電源の開発が促されるのだという向きもあるだろうが、それでも他のエネルギーに高度化法に匹敵する目標がなければ、エネルギー間競争の中で電気の価格優位が失われるだけだ。

高度化法の成り立ちを振り返るに、経済産業省による環境省対策、カーボンプライス対策の側面があったことは否めないだろう。不幸にもこの縄張り争いは日本の温暖化対策議論を大きくゆがめていると筆者は考える。首相がカーボンプライスの検討を表明した以上、ここは技術中立的な炭素税を前提に政策を根本から見直すチャンスではないか。

◆日本には容量市場が不可欠

以前も紹介したが、容量市場は、２０１３年の電力システム改革専門委員会報告書に記載はあったものの導入時期は曖昧であった。

当時、容量市場は米国北東部のパワープールで20年近く実績を積んでいた一方、欧州ではいくつかの国で導入の動きが出始めていたところであった。欧州は、発電設備に相当な余剰があった中で自由化に着手した国が多く、長らくアデカシーの問題には無縁であったが、余剰設備の貯金が減少し、再生可能エネルギー導入の進展で火力発電所の稼働率低下・採算悪化が顕在化したことが背景にあった。

日本では、報告書に容量市場の記載はあるものの、近い将来導入する実感を持っていた関係者は少なかったように思う。筆者は、故澤昭裕氏が当時所長を務めていた国際環境経済研究所のウェブに頻繁に容量市場に関する記事を寄稿していた。時期は分からないが、容量市場が必要となる時期に備えていた。

13年には大手電力による自主的取り組みとして、余剰供給力の限界費用での卸市場投入が始まっていた。当然に市場価格は短期限界費用で形成される。そのような価格設定を前提に、社会が求める信頼度を確保し得る設備冗長性を維持するのは、容量市場なしでは難しい。さもなければ、頻繁に市場価格の高騰（価格スパイク）が起きる水準まで設備が退出することを許容するか。実際、一部学識者はそのように主張していたが、周囲が実感を伴って受け止めていたかどうか。加えて、当時関係者が価格スパイクと呼んでいたのは1

キロワット時当たり100円にも届かない水準である。テキサスのような同900円の価格を許容する風土はとても日本にはないと思われた。

そのテキサスを20-21年冬は大寒波が襲い、電力市場価格が高騰した。電気料金の請求額が数百倍になった需要家が集団訴訟を起こしている。大きな負債を負った公営電力が倒産しないよう公債を発行しようとする動きもある。「価格スパイク依存」は机上論では成り立つにしても、現実の社会システムとして持続可能なのかどうか。この冬の経験に照らしてみると、本家テキサスでもどうも怪しい。

あるいは、北欧ノルドプールには容量市場はない。北欧は、燃料費ゼロかつ数カ月分の発電量に相当する巨大な貯水池を持つ水力発電が半分以上を占め、固定費回収の問題が各地で顕在化している火力発電のシェアは1割程度だ。こんな特異な電源構成のシステムを一般化することは当然にできない。

日本における容量市場は、16年度供給計画の取りまとめを行った電力広域的運営推進機関（広域機関）が、①変動型再生可能エネルギーの導入拡大に伴い火力発電所の稼働率の低下が見込まれること②中小規模の小売電気事業者の中に中長期的な供給力の多くを調達先未定としているケースが多いこと――を懸念し、実効性のある供給力確保の在り方についての検討を求める意見書を経済産業省に提出したことを契機に検討が本格化した。

電気事業法第2条の12で供給能力確保義務を法定しても、供給計画その他で調達先未定を許容したら実効性は薄い。これを長期間放置しておくのはむろんよろしくない。何より、震災前の「旧一般電気事業者の善意に依存する安定供給」から、「各事業者が相応の役割分担を負うことによる安定供給」への脱却をうたっている13年の電力システム改革専門委員会報告書の精神にもとることだ。

もっとも、当時筆者も学会などで容量市場とは何か、意義は何かを繰り返しプレゼンテーションしていたものの、世の中の理解が進んでいる感触はあまりなかったので、意外に早く検討が始まったなと感じたことも覚えている。関係者のご尽力に素直に敬意を表したい。

広域機関の意見書を受けて検討の場となった貫徹小委の中間取りまとめでは、「容量メカニズム」という用語も用いられた。容量メカニズムとは、発電設備などが需要に応じて電気エネルギー（キロワット時）を供給できる状態にあることの価値（キロワット価値）

に対価を支払う仕組みの総称である。その対価を市場で決める仕組みを容量市場と呼ぶ。容量メカニズムには他にも種類がある。容量市場はシステム全体で必要なキロワット全量を調達対象として対価を支払うが、緊急時に稼働させる予備力限定で対価を支払う戦略的予備力という制度もある。予備力以外の供給力には対価は支払われないので、システム全体のアデカシー確保は需給逼迫時の価格スパイクに期待する。こういうスタイルをEnergy Only Marketと呼ぶ。

通常の予備力と戦略的予備力の違いを念のため付言すると、「戦略的」予備力は市場外の電源であり、普段は市場に投入しない、投入した場合は市場の価格形成に影響を与えない、つまりEnergy Only Marketにおける価格スパイクを妨げない工夫がなされる。具体的には、いざ使用するときの価格を禁止的に高く設定するなどである。

実効性ある供給力確保の在り方について検討した貫徹小委は、あらかじめ必要な供給力を確実に確保し、卸電力市場価格の安定化、ひいては電気事業者の安定した事業運営を可能とする容量市場導入の方向性を打ち出した。

制度設計は、資源エネルギー庁の制度検討作業部会、広域機関の容量市場の在り方等に関する勉強会・検討会などで行われた。主として参考にされたのは、ＰＪＭのReliability

Pricing Model（ＲＰＭ）である。

すなわち、あらかじめ広域機関が「約定量＝調達目標量、約定価格＝指標価格」となる点を中心に右肩下がりの需要曲線を作成し、それと各電源の売り入札を並べた供給曲線の交点で価格と約定量（調達量）が決まるスタイルだ。

市場といいながら公的な主体が需要曲線を人為的に決めることをして、社会主義的などの批判があるが、供給信頼度目標が公的な性格を持っている実態を是とするのであれば、むしろ自然なこととともいえる。電力システムのアデカシーは公共財であるからであって、例えば、警察官の定員を市場で決めることはないのと同じようなことだろう。

容量市場の必要性については、ＩＥＡの16年の報告書「電力市場のリパワリング」が次のように的確に指摘している。

「信頼度基準が努力目標であり、政策立案者が高い価格と低い信頼度を限られた期間（例えば、数年）にわたって受け入れられる場合には、供給不足時価格を持つキロワット時のみ市場で十分である可能性が高い。しかし、もしその信頼度基準が常に必須の資源のアデカシーの最低値として定義される場合には、容量メカニズムが必要になる」

「供給不足時価格を持つキロワット時のみ市場」とは、テキサスのようなスタイルである。日本は信頼度基準が必達目標になっているので、容量市場の導入は正着であろう。また、ここでいう容量メカニズムに戦略的予備力は含まれないと理解している。

ちなみに欧州委員会の見解では、容量メカニズムは国家補助に該当する。容量メカニズムの収入がある国の電源は、欧州統一のキロワット時市場において、その収入がない国の電源よりも競争上優位に立ってしまうので、これを国家補助としている。各国で制度にばらつきがあると、統一市場における競争がゆがむというEU固有の事情によるものだ。

広域機関が実効性のある供給力確保の在り方の検討を求める意見書を提出してから４年後の20年、容量市場の第１回メインオークションが実施された。結果は約定価格が上限価格近くの１キロワット当たり１万４１３７円となったことで耳目が集まり、様々な論調がメディアをにぎわせた。

検討の当事者であった審議会委員の中にさえ「ひどい結果」と評していた向きがあったが、筆者はもともと無理筋であった経過措置がひどい制度であることがあらわになったとは思うものの、それを除けばひどい結果ではなかったと思っている。

諸外国でも例のない経過措置は、竣工から一定期間経った経年電源（具体的には10年度以前に竣工した電源）に対するキロワット価値の対価（容量確保契約金）を一定期間減額するというものである。

この議論は「容量市場導入を想定せずに投資判断を行ったはずであるから、容量確保契約金額を全額受け取らなくとも差し支えないはず」との主張から始まった。しかし、経年電源は「電力市場が自由化されること」も「限界費用による市場投入が求められること」も想定していないので、容量市場のみを想定外とする主張はまずフェアとは言い難い。

加えてピーク・ミドル供給力を担う経年の石油火力、LNG（液化天然ガス）火力こそ固定費回収の問題が深刻なのに、これらを減額の対象としてしまうのでは、そもそも何のための容量市場か分からなくなる。そのため、さらにおかしな逆数入札を導入せざるを得なくなったと筆者は理解している。

逆数入札とは、経過措置対象の電源が受け取る額が減額（初回オークションは42％）されても電源の維持が可能なように応札価格を調整すること。すなわち、応札価格＝電源維持に必要な費用÷0・58とすることである。

つまり、約定価格は同1万4137円であったが、全体の8割を占める経過措置対象の経年電源が受領する容量確保契約金は同8199円、指標価格（同9425円）以下の額で、経過措置による大幅な減額を期待していた向きには不満かもしれないが、経過措置を無理筋と感じる筆者の目には妥当な額に映る。いずれにせよ、同1万4137円をセンセーショナルに報じるのはミスリーディングなのだが、一般紙は仕方ないにしろ、エネルギー専門を自称するメディアでも同じレベルの記事があったのは少々残念であった。

約定価格は上限価格近くの1キロワット当たり1万4137円となったが、全体の8割を占める経年電源が受領する金額はこれよりも42％減額される。対して、全体の2割である経過措置対象外の電源（11年度以降に竣工した電源）は同1万4137円を満額受領する。この約定価格は、「逆数入札付きの経過措置」という不自然な制度によりかさ上げされた金額である。実際、電力・ガス取引監視等委員会が行ったシミュレーションによると、逆数入札付きの経過措置がなければ、約定価格はもっと低かった可能性がある（同1万0488円）。つまり、限界費用が小さいと思われる比較的新しい電源がかさ上げされた金額を満額受領したわけだ。これが適切なのかどうか、筆者は疑問なしとしない。しかし、これを指摘する論調を見たことがない。

また、かさ上げされた価格で約定したということは、需要曲線が右肩下がりであるので、約定量が過小になっていることになる。これは、電力システム全体として過剰な停電リスクを負っていることを意味する。これを指摘する論調も筆者は見たことがない。

また、約定総額は約1・6兆円であった。この約定総額についても「巨額」とレッテル貼りをする論調が見られた。しかし、1キロワット時当たりでは1・8円である。他方、19年度の大手電力の平均発電コストは同10・3円、同年度の日本卸電力取引所（JEPX）のスポット価格の平均は同7・9円である。すなわち、JEPXに依存する小売電気事業者は、固定費負担を回避することで（10・3－7・9＝）同2・4円だけ割安な電力供給を享受しているのであり、同1・8円はただ乗り分の取り返しとしておかしな金額でない。

以上のように、第1回の結果は一部で言われているようなひどいものではないと思っている。ただ、「逆数入札付きの経過措置」はひどい制度であった。第2回オークションに向けて見直されたことをまずは歓迎したい。

他所で度々述べているが、限界費用ゼロの自然変動電源が大量導入される電力市場は、キロワット時の価値が下がり、キロワットが希少となる。こうした市場を持続可能たらしめるために容量市場は必要な備えと筆者は考えている。PJMと同様にファインチューニングを繰り返しながら、日本でもこの仕組みが定着することを願っている。

第10章

顧客側の新しい電気事業へ

執筆　西村　陽

2014年 -

◆需要側資源の活用が一般的に

２０１１年の東日本大震災以降、日本に登場してきたエネルギー政策に、需要側資源の活用、つまりデマンド・レスポンス（ＤＲ）の活用やバーチャル・パワー・プラント（ＶＰＰ、仮想発電所）をはじめとする一連の政策がある。東日本大震災以前にもスマートグリッドやＤＳＭ（デマンド・サイド・マネジメント）という形で需要側に注目した政策や概念があったことは既に紹介したが、ここではまず「需要側資源拡大は電力自由化なのか」ということについて述べたい。

電気事業は極めて頼りない生産性と信頼度のベンチャービジネスから始まった、というのはよく知られたことである。創業期の１８９０年代から約30年間、電気はどの国・地域でも経営がおぼつかない産業であり、ニコラ・テスラやサミュエル・インサルが構築した三相交流システムも本格的な開花期には遠かった。

それが一転、電球やモーターの改良や応用機器の発展によって大成長期を迎えたのは１

920年代も末のことであり、その後の大恐慌や第2次大戦の時代を経て、50年代に未曽有の発展期を迎えた。日本ではちょうど9電力会社の発足期にあたる。

この電気事業の発展はいわばテスラ・インサルモデルの完成期への道のりであって、これによって世界の電気事業システムは偉大なレガシーとなり、電気を作り届ける仕組みとしてほぼ100年にわたってあらゆる挑戦者、例えばマイクロガスタービンやローカル自立グリッドを寄せつけなかった。レガシーシステムに圧倒的な規模の経済と品質上の利便があったからであり、例外的な自家発電や技術実証を除いて電気は供給者が届け、ユーザが使う、というのがルールであった。

DRや需要側資源を電力システムで使うというのは、いわばこのルールの変更・拡張であり、その点で「電力自由化」「制度改革」の1つであると捉えることができる。ここでは発電機を作り、ネットワークを共有化して卸・小売市場で競争するという83年にジョスコウ・シュマーレンシーが描いた競争がより複雑化する。

すなわち、テスラ・インサルのレガシーモデルと、需要側で供給力を産み出すDR、太陽光発電、蓄電池、電気自動車による新しい電気事業のモデルがライバル関係になり、別の意味において供給信頼度を維持するパートナーともなるのである。

一方で、20世紀の電気事業を支配してきた〝上流からユーザー側に電気を送り、制御する〟一連のシステムを見慣れた者にとって、ＤＲや蓄電池をはじめとする需要側資源をその仕組みに取り入れて活用することが合理的とは思えない、というのが正直なところだったかもしれない。事実、東日本大震災後、ＤＲの拡張やＶＰＰの取り組みが始まった時、電力経営者や技術陣はおしなべてその実効性に否定的だったし、「これも震災後の政治的圧力か」という感想を持ったことは想像に難くない。

しかしながら、再生可能エネルギーを含めた需要側エネルギー資源を電力システムの中に取り込むことは、２０２０年代において先進国のスタンダードとなりつつある。米国では発電機とＤＲの費用便益を比較することがルール化し、欧州では各国規制当局によって需要側機器の需給調整能力の活用が称揚されている。その背景にある最大の理由は、実は「電気事業はもはや供給設備に巨額追加投資をして課題対応する産業ではない」という共通認識である。

先進国の中でも一部の限られた地域を除いて、電気事業が上げる収益（キャッシュ）はもはや大きな成長を見込めなくなっている。多くの電気を消費する製造業の成熟化、省電力技術の発展、そして低コスト化した再エネによる市場価格の押し下げがその原因だが、その電気事業において発電・送配電設備に以前のような投資を行うことは、メンテナンス、更新を含めて考えると場合によって合理的ではない。

それに対してユーザー側の持つ機器・システムを活用すれば、電気事業側はメンテナンスや更新投資から解放され、将来にわたって需要や市場価格の不確実性をユーザー側にいわば「押し付ける」ことが可能になる。もちろんDRも需要側フレキシビリティーもまだ発展途上だが、将来の可能性に着目すべきだ、というのが欧州・米国の考え方である。

日本の電気事業は長年、総括原価や公正報酬率規制のような「自分が設備を持つことが収入・利益に有利に働く」というルールの中にいた。電気事業の分散化は、まさにその枠組みの転換だったとも言える。

◆DR、VPPの仕組みづくり

具体的な日本での「新しい電気事業モデル」の導入経緯をみてみよう。東日本大震災後の2014年、新しいエネルギー基本計画が示されたが、そこで新しい取り組みとして注目されたのが、電力ユーザーが指定された時間帯に電気の使用を削減するＤＲであった。

基本計画では、「エネルギー供給の効率化を促進するＤＲの活用」として、それまで行ってきた時間帯別料金制度や産業界の電気利用のタイムシフト等に加えて、需要量の抑制を定量的に管理する方法、すなわち複数の需要家のＤＲを取引するエネルギー利用情報管理運営者（アグリゲーター）を介する仕組みなどを提言している。

ＤＲは、それまで需要サイドで行ってきた省エネ施策と決定的に違い、電力ネットワークに対して電気使用の削減（当時使われた言葉でいうネガワット）を供給する。つまり、初めて同時同量や需給計画といった電気事業運用の本体に需要側が参加することになり、計画同時同量をとる日本では「このＤＲリソースにもしも発動がなければ本来どのように電気を使っていたのか」、つまりベースラインが必要になる。このルール検討の場となった経済産業省・資源エネルギー庁のネガワット取引のガイドライン作成検討会は、非公式の関係者の集まりだったが、以降需要側資源の活用拡大の推進力となった。

ＤＲの普及に際しては、９電力会社が持っていた需給調整契約の扱いもポイントとなった。旧需給調整契約の小売料金上の割引は高額なものが多かったが、発送配電分離の下では存在できないものであり、大手電力各社は契約の終了またはＤＲへのシフトに協力し、

〔図10－1〕

わが国のDRとVPPの歩み

2011	東日本大震災
2012	電力システム改革の再スタート
2014	DRの活用を含むエネルギー基本計画が定められる
2015	ベースライン等のDRガイドラインが策定される
2016	調整力公募に伴って調整力I'(DR)がメニューに入る VPP実証（5年間）がスタート
2017	調整力I'(DR)が追加、取引の開始、初のDR発動
2018	DR取引拡大、需給調整市場具体化、PF研、レジリエンス研発足→DR取引拡大

結果として日本の電気事業まわりでは珍しく大手電力系・新規参入者系が協力して枠組みづくりや需要側資源の活用拡張を問題提起する雰囲気となった。

図10－1は、日本の需要側資源活用の歩みを振り返って整理したものだが、15年にDRベースラインが定められた翌年にはネガワット実証でのテストを経て、実際の送配電部門による調整力調達にDR（後述する調整力I´）が組み入れられ、その後のVPPにつながっていった様子が確認できる。

15年に作られたDRに関するガイドラインに定められたベースラインは、

1週間の当該時間の使用電力のうち、一番低い1日を除いて平均して本来の電気の需要カーブとするハイ・フォー・オブ・ファイブ（High 4 of 5）というもので、これは米国ＰＪＭでのＤＲルール設計に習ったものであった。自由化全体の歴史とも関係するので、米国でいかにＤＲが拡大してきたかについて見ておきたい。

00年代の電力自由化に際して米国最大のパワープール・ＰＪＭで起きたのは、実は発電機のゲーミングによる価格の上昇であった。自由化前には発電会社（多くは垂直統合会社の発電部門）が燃料費ベースで入札していたものが、入札が自由価格に変わったため、夏季昼間や冬季低温日に混雑地域を中心に独占力を発揮した高値入札を行ったためである。

適度なスパイクはプレーヤーの行動に規律やリスクヘッジ動機を与え、市場を正常に保つが、過剰なスパイクは長期の市場運営を危うくする。そこで、ＰＪＭは08年前後から発電機のゲーム抑止のために、需要側を活用する方策を徐々に実行に移した。図10－2は発電機のゲーミングをＤＲが阻止し、価格が低下しているイメージを示している。

こうした発電機対ＤＲの対立を電力システムルールに仕込んでいくには、そのための設計が必要になる。本来燃料さえあればいつでも発電できる発電機に対して、ＤＲの需要削減能力には限界があるので、この2つを同値に扱うことが重要だが、ＰＪＭはそのルール

〔図10－２〕

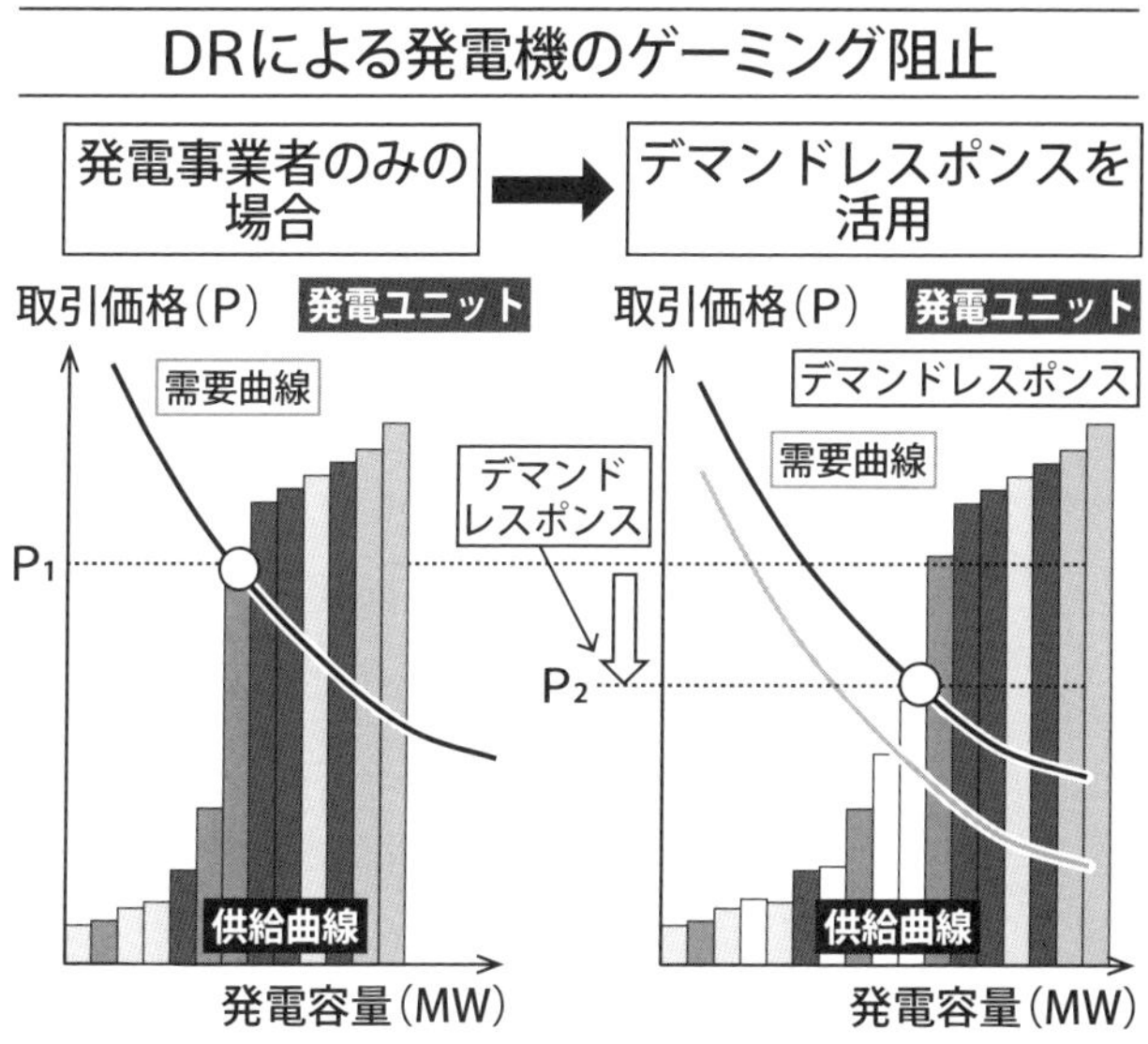

化を容量市場を含めて実現し、現在ではピーク需要の８％をＤＲが占めている。またそれは全米に連邦エネルギー規制委員会（ＦＥＲＣ）オーダー７４５、７５５（卸・アンシラリー市場での発電機／ＤＲ比較義務、11年）という形で展開された。

当時日本のシンクタンクでＤＲを調査研究していた伊藤剛（現Ｕ３イノベーションズ）は、「米国で調査していても、ＤＲを熱心に導入しようとする当局者、あるいは電力会社の姿勢がとても印象的だった。日本でも早晩そうした時代がくるな、という直感であった」と語る。以降今日まで日本のＤＲは、基本的には米国の各種ルールや容量市場での扱いなどを大いに参考にしてやっていくことになった。

ＤＲの導入準備が進んでいた15年11月、安倍晋三総理以下、麻生太郎・甘利明・菅義偉といった主要閣僚が勢ぞろいした中で「未来投資に向けた官民対話（第3回）」が開かれ、その中でエネルギーについては「節電のインセンティブを抜本的に高める。家庭の太陽光発電やＩｏＴを活用し、節電した電力量を売買できる『ネガワット取引市場』を、17年までに創設する。そのため、来年度中に、事業者間の取引ルールを策定し、エネルギー機器を遠隔制御するための通信規格を整備する」という宣言がなされた。

このうち「ネガワット取引」は、まさに17年から実施された調整力公募においてＤＲの導入の形で実現したが、太陽光、ＩｏＴ、遠隔制御の通信規格と課題は、16年1月に設立されたエネルギー・リソース・アグリゲーション・ビジネス（ＥＲＡＢ）検討会の場に引き継がれ、具体的な取り組みの場としてＶＰＰ実証が5年間（16年～20年）の予定で行われることとなった。

具体的には、早稲田大学先進グリッド研究所内に疑似中央給電指令所を置き、様々な需要側エネルギー資源を持つ企業を募った。その上で、中間に電力需要の上げ下げ指令を仲

〔図10－3〕

VPPの発展可能性

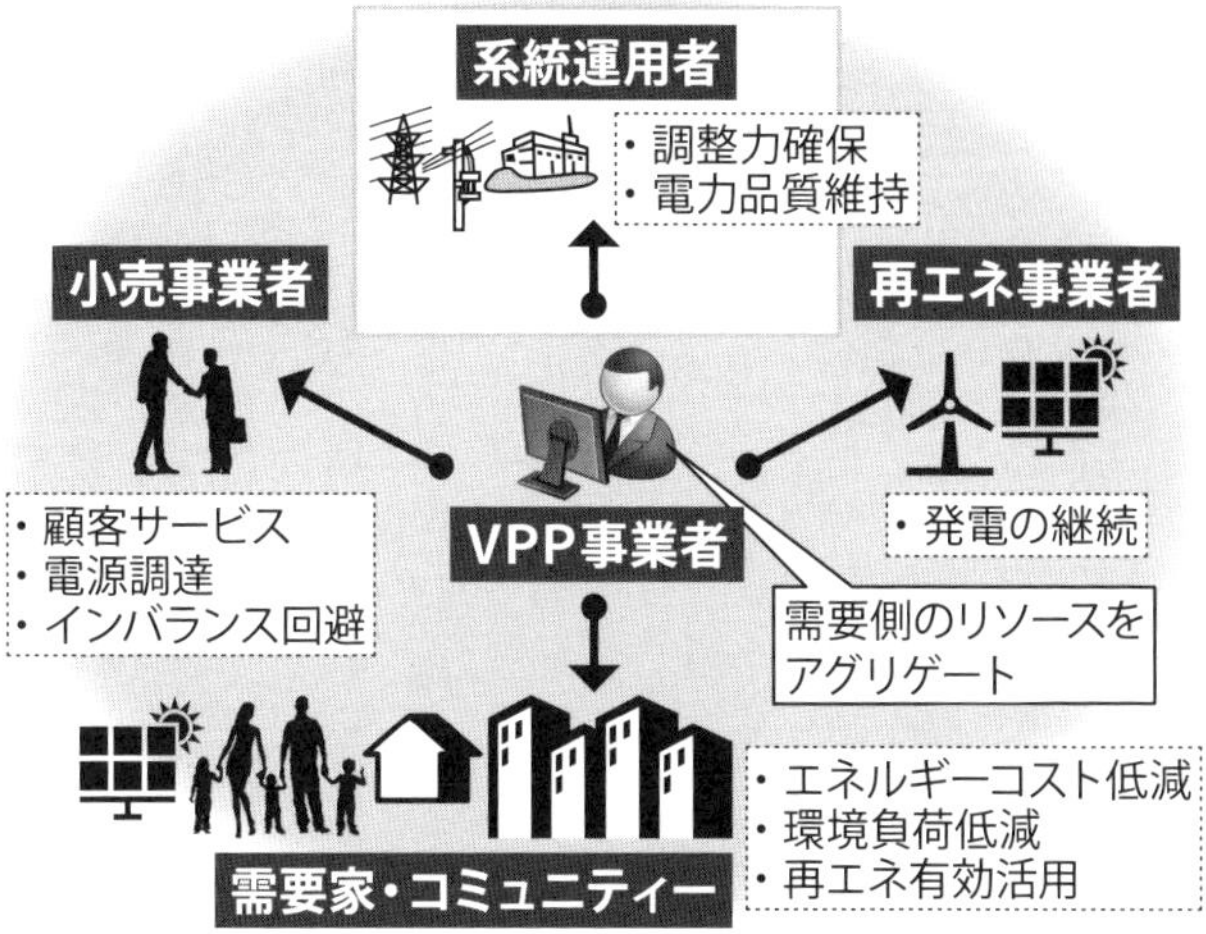

介するコーディネーター的な企業を置くという2層構造で、実際に需要側資源が指令によって正しく動作することはどの程度可能なのか、そのための通信システムをどう作っていくべきなのかを検証していく、という枠組みである。

図10－3は、当時関西電力を中心とするグループがVPPの将来的な可能性を描いたものである。立ち上げ責任者だった石田文章（現関西電力・技術研究所主席研究員）は、当時を「既存電力会社にとっては発電所ではないものを使って需給調整する、という従来のビジネスモデルと

相反する部分もあるチャレンジだったが、顧客部門など協力してくれるところもあり、うまく体制を作ってチャレンジできたのは良かった。結果として多様なリソースを持つたくさんの企業とのつながりができ、その知見ができたことも後の財産になったと思う」と振り返る。

こうして需要側資源の活用はＤＲからＶＰＰへと広がった。このことは後々、需給調整市場や当日市場という電力自由化制度そのものとも関わってくるのである。

◆調整力Ⅰ´の誕生

一方、エネルギー基本計画や官民対話で導入が提唱されたＤＲが実際に送配電部門による調整力調達に入るには紆余（うよ）曲折があった。

まず、いわゆるシステム改革の一環である発電・小売／送配電の分離の手法として、両者の間で需給調整能力を取引する調整力公募の仕組みが、既に決まりつつあった。分離前の時代に送配電側の系統運用者が行っていた需給調整（実需給時点前に需要と供給を合わせること）のために使う速い反応の電源の能力を調整力Ⅰ－a、比較的遅い反応を調整力Ⅰ－bとし、さらに需給調整前30分前（ゲートクロージャー）時点で変動可能幅を持つⅠ－a、Ⅰ－b以外の電源の能力を調整力Ⅱとして、それぞれを調達することが決まっていた。DRを日本の電力システムに安定供給用として組み入れるためには、この調整力調達の仕組みに入れ込むしかないが、その制度がそもそもなかった。DRが「調整力Ⅰ´（イチダッシュ）」という一種不思議な名前で呼ばれているのはそのせいである。

次に、広域機関の有識者をはじめ、電力システムの信頼度の専門家である多くの電気工学者は、このタイミングのDR活用に懐疑的であった。まだ発電機の予備力は十分にあり、決して潤沢ではない託送部門の財布を割いてまでこの段階でDRを参加させる必要はないのでは、というのがその理由である。さらにいえば、発電機側の調整力公募は調整力Ⅰ－a、Ⅰ－bを足せば想定最大需要に対応しているはずであり、さらに余裕分として電源Ⅱの制度もあるため、DRを追加で調達する名目もないように見えた。

そうした中考えられたのが、10年に1度程度の稀頻度に対応する供給力として調達する、というある意味無理やりに付け足された考え方である。通常調整力Ⅰ－a、Ⅰ－bの募集量の算定根拠となっている想定最大需要は、年間の3点ピークの平均をベースにして

〔図10－4〕

稀頻度対応供給力の位置付け

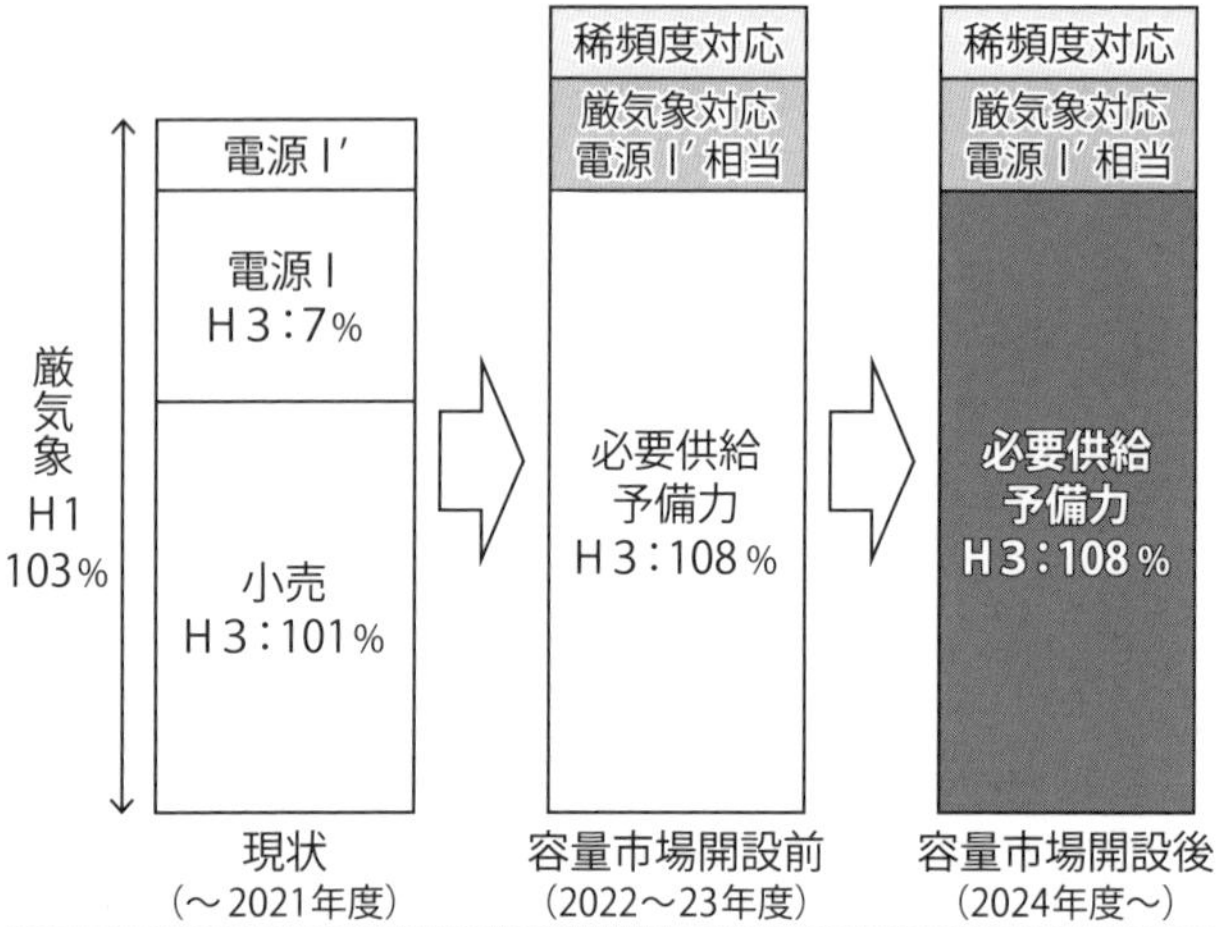

（電力広域的運営推進機関資料より作成）

おり、これを超える稀なケースのために新たな募集枠を作り、ここにＩ－ａ、Ｉ－ｂに入札されていない電源とＤＲが入札できるようにするという考え方で、図10－4はこの考え方を示したものである。こうした経緯を経て、稀頻度対応の電源Ｉ′が誕生することとなった。

17年から調整力公募に登場した調整力Ｉ′は、ＤＲを電力システム上の供給力として活用するわが国初の仕組みとなり、結果的に容量市場がスタートする24年まで続くこととなったが、そのスタート期に参入し、入札に参加したDRアグリゲーターたちにはいろいろな苦労があった。

I´の主なターゲットとなるのはもともと電力会社と需給調整契約を結んでいた産業用ユーザーだったが、ほとんどは実際に需要を抑制したことがなく、「従来の需給調整契約より割引は小さくなり、実際に発動される」という条件はなかなか厳しいものであった。加えて、制度自体も米国PJMを参考に基礎設計したものの、オール発電機の前提でもともと作られている調整力公募の仕組みでは、細部がまだまだ未成熟だったといえる。

当時、米国エナノック（現ENEL X＝エネルエックス）とのジョイントベンチャーであるエナノック・ジャパンの最高執行責任者として、I´への応札と顧客開拓の責任者だった丸紅の内田明生（現丸紅東北支社長）は、「当時まだ電力会社の旧需給調整契約が残っていたので、DRに切り替えましょう、と産業用顧客を誘ってもなかなか理解してもらえず大変苦労した。I´の入札ルールも、電源と同じ要件が適用され、応札時の顧客リストの確定や結線図の提出など、エナノックがビジネスをしてきたPJMなど先行市場にはない要件が採用された。いろいろ意見を出して少しずつ反映されてきてはいるが、今でも日本のDR制度は発展の途上かもしれない」と振り返る。

こうして発足した調整力I´のDRは、公募2年目の18年度には100万キロワット規模になり、I´の落札量も発電機とほぼ二分している他、新事業としても1キロワット・年当たり4千円〜5千円という収入をもたらしている。

国際会議の場でも「ジャパンズ　ワン・ダッシュ・リザーブ」と普通に紹介されるようになったし、使いどころも当初想定された夏ピークだけでなく、春秋のダックカーブに対応した日没時発動、冬季の需給危機回避など、今では日本の電力システムになくてはならない存在になっている。

◆災害のインパクトとプラットフォーム研究会

2018年9月と翌19年の同じく9月は、日本の電力制度改革の流れに大きな影響を与えたいくつかの災害があった。

まず台風被害についてみると、18年の9月4日に台風21号が近畿地方を襲い、停電被害は最大約240万戸に及んだ。この停電戸数の99％復旧に5日間を要した未曽有の被害と

〔図10－5〕

長時間化した2019年の台風15号

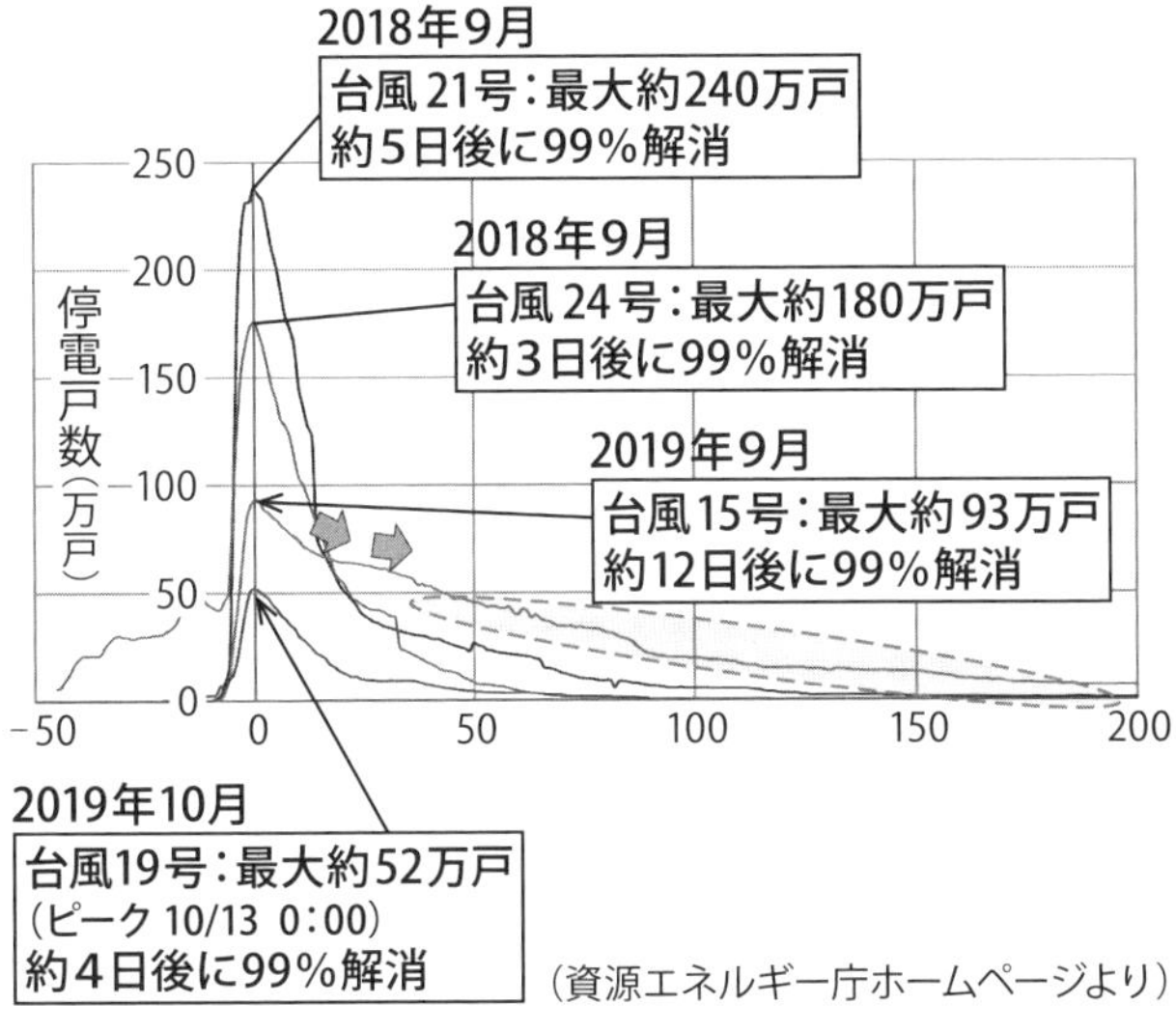

（資源エネルギー庁ホームページより）

なったが、さらに電気事業関係者に衝撃を与えたのは翌年の9月9日に関東・甲信越地域に被害をもたらした台風15号で、99%復旧には280時間という異例の長時間を要した。（図10－5）

この台風では首都圏からほど近い千葉県の一部地域が連日ワイドショーに取り上げられ、長野県内での北陸新幹線車両基地の水没とともに15号台風を代表する風景となった。

この話題を取り上げていたワイドショーに電力の専門家とし

て度々登場した国際環境経済研究所の竹内純子は、当時を振り返って「テレビを見ている一般の皆さんは『こんな東京に近いところで、なぜこんな長い間電気が来ないんだ』というやり場のない憤まんと、何か解決策があるはずだ、という願いのようなものを持っていることがよく分かった。ちょうど千葉の当該地域には、自噴式天然ガス発電の睦沢エナジーのような分散型グリッドの例があったので、これからはレジリエンスの強化とともにこうした新しいものへのチャレンジも必要になるなと感じた」と述べている。

また、18年9月6日の北海道胆振東部地震を発端に発生した北海道ブラックアウトも、「想定されていなかった事態」という意味では長時間停電と同じであり、関係者は系統崩壊のプロセスやブラックスタートの失敗・成功という仮想の世界でしか知らなかったことを実体験した一方、場所が北海道だったことは地域の自立グリッドのような試みを加速させる契機となった。

これらの災害からの示唆は大きく次の2つではないかと思われる。

①自由化時代に入り忘れ去られていた「電力ネットワークは盤石ではない」という事実が認識されたこと

②長時間停電やブラックアウトの回避策として、最先端技術である電力DX（デジタル

トランスフォーメーション）や分散型システムに注目が集まったこと
　この2点は、次の電力制度改革に極めて大きな影響を与えていくことになった。つまり、この18～19年の災害によって、電力供給の強靭性確保に世間・政府・電気事業者ともあらためて注目せざるを得なくなっただけでなく、同じ時期に日本にも太陽光発電のコスト低下の波が押し寄せ、特に発電事業用よりもユーザー側での再エネ大量導入が現実のものとなってきた。さらにＩｏＴ、データといったデジタル技術が蓄電池・電気自動車・家電あるいは住設機器をつなぎ、新たな価値を生み出す可能性も指摘されるようになった。一方では自由化から20年が経過し、本来総括原価主義であるはずの送配電部門が旧一般電気事業者グループ内での投資抑制圧力を受ける一方、再エネ増加対応が十分でなかったりしたことを踏まえ、効率性担保に配慮しながら送配電設備を再構築する必要も生じていた。
　こうした中で18年10月、資源エネルギー庁に「次世代技術を活用した新たな電力プラットフォームの在り方研究会」が発足した。座長を務めた山地憲治・地球環境産業技術研究機構副理事長・研究所長（当時）は「次世代電力プラットフォームという着眼点が新鮮だったし、集まった委員も今までの審議会と違う知見を持つ方もいて、海外の最新知見も含

電力プラットフォーム研究会の座長を務める山地憲治氏

めて多面的な検討ができたと思う。電力DXの方向性の提示をはじめ、レベニューキャップのような託送利用制度、再エネと絡めた電気事業の新しい形である配電ライセンス、DER（分散型エネルギーリソース）の可能性を広げる計量、スマートメーターデータの活用範囲拡張など、この場でのディスカッションがいろいろな制度検討の場にタスクアウトされていったという意味では意義が大きかったのではないか」と語る。山地の指摘の通り、委員はブロックチェーンの専門家、DERのビジネスに詳しい学識者など、多彩であった。

実際に英国・ドイツをモデルとしたレ

ベニューキャップの導入は23年からの導入が決まっているし、配電ライセンスも同様である。また特定計量制度で機器点のデルタキロワットを取引に使うための制度も実設計に入ることとなった。

◆ＦＩＴ見直しに残る課題

ここまで２０１１年以降の電気事業制度の迷走が「負の遺産」と呼ぶべきものをいくつか生み出してきたことを各章で紹介してきたが、この「負の遺産」の中で最大級のものの一つが再生可能エネルギー固定価格買取制度（ＦＩＴ）である。

日本のＦＩＴが負の遺産となってしまったのは、最初の買い取り価格がメガソーラーにあまりに有利で、かつ事業規律についてあまりに楽観的だったことに原因がある。

諸外国でのパネル価格の低下によって買い取り価格は次第に低下したが、20年度の国民負担は２・４兆円に達し、その８割が最初5年間の高い買い取り単価の分であった。当初、民主党政権が「コーヒー１杯」と表現した負担は、10年もたたずに業務用・産業用では電気料金の15％、家庭用でも11％に達した。

さらに各地では大型太陽光の施工不良が見られ、事業面では低圧への分割、認定後の故意の未着工など、モラルハザードが多く見られた。特に大きな災害時に施工不良によってまわりに被害をもたらす例や、建設時に地域社会と係争になる例は社会問題にもなってきた。

ＦＩＴはもともと10年間の暫定措置であり、22年からは見直されることは決まっていたので、19年からポストＦＩＴに向けた制度検討が始まり、基本的に欧州でＦＩＴ制度に代わって採用されている市場価格を基準としたＦＩＰ（フィード・イン・プレミアム）を採用すること、地域で活用する再エネや小規模の再エネにはＦＩＴ制度を残すこと、また廃棄対策や安全確保、地域との共生といった事業規律の確立が打ち出された。

そして、このＦＩＴ制度の見直しは、買い取り価格や条件の問題だけでなく、電力制度の中核である託送利用、つまり30分計画値同時同量や電気事業ライセンス制度とも関係することとなった。一つはＦＩＰ電源の市場統合であり、もう一つはＦＩＴが残る分の地域活用である。

ＦＩＴ再エネは、通常の系統接続発電機と違い、特例によってその買い取りに際して30

分コマ毎の発電計画の提出が免除されており、再エネ独特の変動性は送配電部門（系統運用者）の需給調整力によって吸収されていく。それが際限なく拡大すると、送配電部門の調整力必要量が増大し、結果としてネットワークコストを押し上げる。

日本と同じバランシンググループ（ＢＧ）制度をとる欧州では、再生可能エネの変動性のバランシングポイントを需給調整市場が機能する前（ゲートクロージャー）時点に持ってくるよう、ＦＩＴ以外の再生可能エネに市場プレーヤーとして計画値同時同量体系の中に入ることを義務付けている。ダイレクトマーケティングと呼ばれることが多いが、日本の市場統合はこれと同じものである。（図10－6）

しかし、日本でポストＦＩＴや新設ＦＩＰの市場統合を行うのは現状容易ではない。再エネは小売事業者やアグリゲーターをパートナーとするか、卸市場に直接電気を売ることになるが、天候予測による出力計画が十分できない事業者自身が卸市場に売るのは困難なので、パートナー探しが必要になる。一方で小売事業者やアグリゲーターの多くは再エネの変動性を十分吸収できる能力を持っていないので、ゲートクロージャー前に同時同量を達成するには天候予測が判明する当日の卸市場での売買、つまり現行の時間前市場に十分な売り玉・買い玉が出ていることが必要だが、現状その量は限られている。

〔図10－6〕

FIP～再エネの市場統合

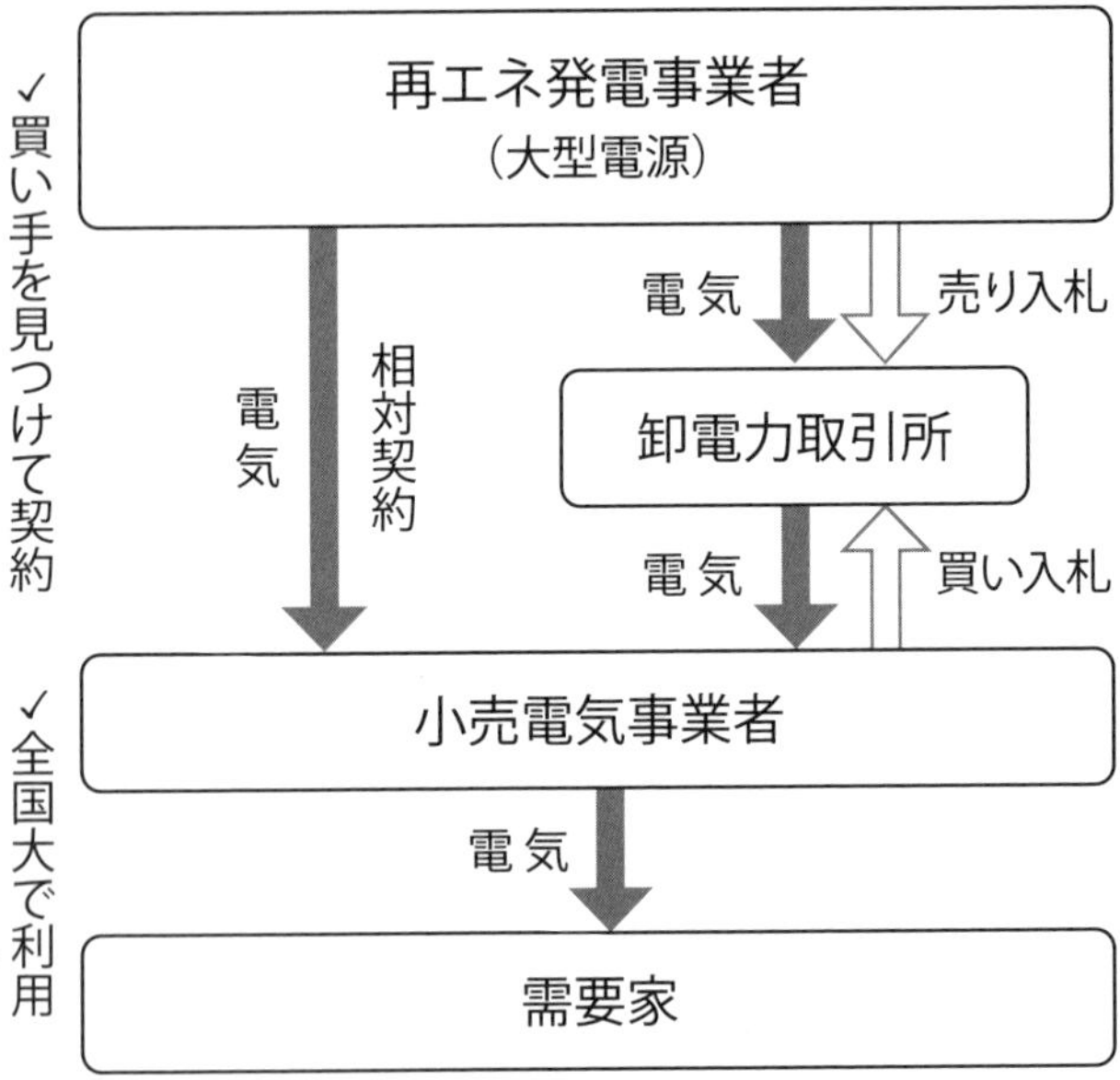

一方地域活用電源としてのＦＩＴは、地域新電力の電源などになると同時に、今後のＩｏＴや蓄電池、電気自動車の製品革新や技術進展によってはローカルグリッドのような生かし方も考えられる。その際、既存の一般送配電会社のネットワークを切り離す形もあり得るかもしれない。

　こうした論点を含んで、20年6月、再生可能エネルギー特別措置法改正、配電ライセンスなどを含んだレジリエンスまとめ法案が国会で可決された。

◆特定計量制度・データ活用の可能性

レジリエンス法の中の電気事業法改正は、計量やそのデータの活用に関わる内容を含んでいた。

電気計量制度は、食肉や穀物と共通する計量法によってその条件が定められており、①高い計測精度（±３％）②面前計量＝顧客の目の前で計量、従って電気では表示窓が必須③全数公的検定、低圧メーターはメーカーによる代理検定あり④検定有効期間の厳格運用（10年）――といったルールが顧客毎のメーター（送配電事業者が設置する取引用計量器）について厳格に運用されている。

しかしながら近年の需要側エネルギー資源の拡大の下、例えば家庭で作った太陽光発電の電力量を量ろうとする、あるいは電気自動車の充電分、蓄電池やエアコンを動作させた時の量を量ってＶＰＰ的な取引や環境価値の取引を行おうとする場合、顧客別に１つしかない取引用計量器では計れないし、別途同じ検定済み計量器を設置しようとすればコストはもちろん設置場所面でも非常に困難なケースがある。

特に日本の場合、太陽光発電も合わせて需給点計量するので、それと合算した需要側資源の制御を図るためには計量器そのものと、機器点での計量による需給調整力の取引を可能にするルール改正の両方が必要になる。こうした点から電気事業法改正の中に計量関連ルールの弾力化が盛り込まれ、特定計器制度に基づく特例計量器の要件、機器点計量の拡張、さらには需要側資源の別需給点化、合わせて次世代スマートメーターのデータシステムへの特例計量器データの取り入れ（差分計算）など、様々な検討が進められている。（図10－7）

一方、日本全体にほぼ行きわたったスマートメーターの30分データについて、今まで需要の分析や省エネルギーなど、電気事業目的以外に利用、提供することを禁じてきたが、この電気事業法改正で匿名化を条件に公益的目的、事業化目的とも提供できることとなった。現在一般送配電各社とＮＴＴデータを中心に幅広い分野の企業が参画しているグリッドデータバンク・ラボで、データ活用の可能性と課題を検証し、ビジネス化を模索しているところである。

〔図10－7〕

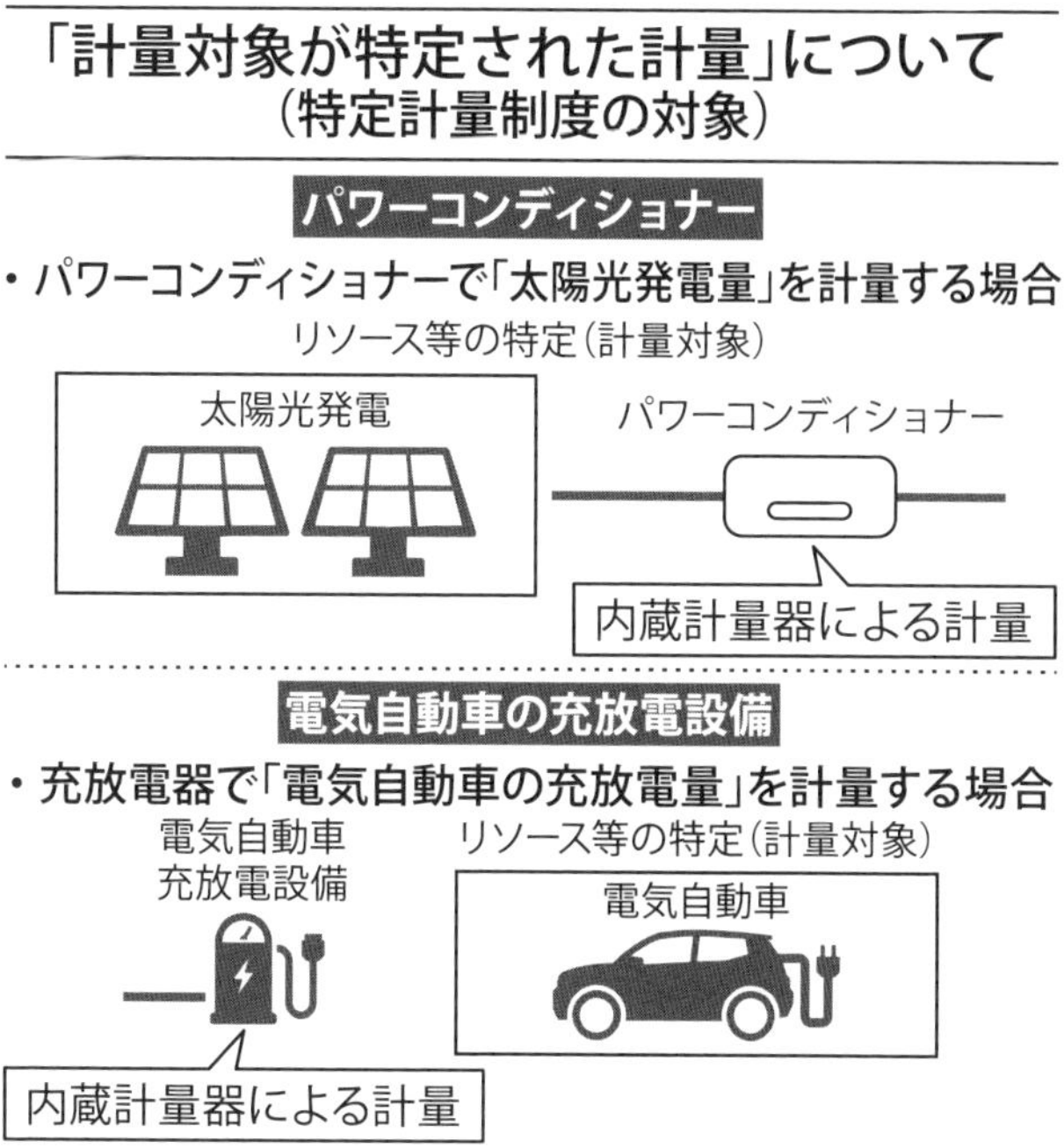

　これらは、「次世代技術を活用した新たな電力プラットフォームの在り方研究会」で打ち出された電力DXの実現に向けての方策であり、どちらも効果や発展性はまだまだ未知数だが、電気事業の機能拡張の可能性を秘めているといえる。

第11章

脱炭素コンチェルト

執筆　穴山　悌三

2013年 -

◆需要側と供給側の脱炭素策

エネルギー政策の達成目標である3Eの1つ、環境問題の中心的課題が、かつてのローカルな電源立地問題から、主にグローバルな地球温暖化問題に移行して久しい。耳目を集めるようになった2000年代後半から、「低炭素な電力供給システムへの転換のための制度改革」へと問題意識が広がり、またその後FIT（再生可能エネルギー固定価格買取制度）が導入された経緯などについては既に述べた。

温暖化影響の内容や程度についての科学的解明・認識にはまだ開きもあり、また各国・各地域の地政や外交的思惑などもそれぞれにあるものの、地球温暖化問題に対処するために低炭素社会を実現していくことは、一国のエネルギー政策の枠組みにとどまらず、グローバルな共通理解として近年定着しつつある。

主たる温室効果ガスである二酸化炭素（CO_2）削減は、CO_2排出量を、（人口）×（人口当たりの国内総生産（GDP））×（GDP当たりのエネルギー消費量）×（エネルギー消費量当たりのCO_2排出量）に分解して考えることが有用で、この関係式は「茅恒等式」として知られている。前者2つは各国の発展段階などによって規定されるため、対策の軸は、3番目のGDP当たりのエネルギー消費量（エネルギー原単位）と4番目のエネルギー消費量当たりのCO_2排出量（カーボン原単位）とを、それぞれいかに小さくするかの問題となる。

そのための方策として、エネルギー原単位の改善には、需要側のエネルギー利用の効率化を進めることが有効である。家庭・業務・産業・運輸などの各需要種別における高効率な機器・システムの導入・普及など、わが国が石油危機以降に積極的に取り組んできた省エネルギーをさらに促進する。

また、カーボン原単位の改善としては、火力発電方式の高度化や、電源構成における非化石電源割合の増大などがこれに当たる。

近年、世界各国では2050年をめどとするカーボンニュートラル（炭素排出量をその吸収分も含めて差し引きしてゼロにすること）を目指す動きが加速している。注目すべき事項は多々あるが、本書はグローバルな環境問題と対応策を論じることが主題ではないので、電力自由化史との関連を意識しつつ、既に紹介したFIT導入後のいくつかのトピックスについて見ていこう。

低炭素社会を実現する両輪のうち、需要側の取り組みを強化する施策では、省エネルギー法（エネルギーの使用の合理化等に関する法律）が活用される。石油危機後の1979年に制定された同法は、元来、燃料資源の有効な利用の確保に資することを狙いとする。工場や輸送事業者などのエネルギー使用者に対して直接的に義務・目標が課される直接規制と、エネルギー消費機器の製造事業者等に対する効率目標の設定や、一般消費者に対する情報提供などを内容とする間接規制とを規定している。

13年改正により、14年4月から電気の需要の平準化に関する措置が加わり、法律名も従来の「合理化に関する法律」が「合理化等に関する法律」となった。同法2条3項は「電気の需要の平準化」を「電気の需要量の季節又は時間帯による変動を縮小させること」としており、具体的には個々の消費主体の電力需要のピーク・カットやピーク・シフトによって国全体の夏季・冬季の昼間の電気需要を低減することを目指している。

工場などの事業者の取り組みに関する具体的な指針は、経済産業省告示として定められ、平準化の必要がある時間帯は全国一律で7～9月（夏季）および12～3月（冬季）の

8～22時（土日祝日を含む）とされた。

留意点として、地域の需給状況に応じて適切に対応することとされてはいるが、変動性電源である再生可能エネルギーの普及拡大が急速に進みつつある状況下では、このような規制スキームは実態を十分に反映しない後追いとなってしまった。

　規制者も課題を認識しており、再エネ比率の高い時間帯に需要を円滑に適合させる措置として、いわゆる「上げＤＲ（デマンドレスポンス）」の実効化などが検討されてきた。また、系統ネットワークにいったん接続すれば物理的には同一の電気であるが、現在ではトラッキングなどによって「再エネの電気」として扱うことが可能であり、電気事業連合会などからは省エネ法上の一部の再エネ評価の扱いが適切ではないとの意見などもある。

　デジタル社会への移行とともに時間や空間なども含めた市場の取引費用のさらなる低減が進めば、規制の枠組みや内容などを、実態に即して柔軟に変化させる必要があるだろう。

　供給側の取り組みについては、エネルギー供給構造高度化法（エネルギー供給事業者による非化石エネルギー源の利用及び化石エネルギー原料の有効な利用の促進に関する法律）で規定される。同法は、電気、石油製品、都市ガスなどを供給するエネルギー供給事業者を対象に、一次エネルギー源の選択や、エネルギーの転換方法の改善と転換を促す誘導的規制の枠組みとして、09年に定められた。

同法は一見、電力自由化とは関係がないようにも見えるが、それまでは旧一般電気事業者の裁量内で決定していた電源構成比（電源ポートフォリオにおけるベスト・ミックスの達成）の方向性を、行政側がイニシアチブをとって制度的に定め得るとした点で、自由化を進める上での一つの条件整備になっていたともいえる。

同法の立て付けは、①エネルギー基本計画の内容も踏まえた非化石エネルギー源の利用を促進するための判断の基準を経済産業省が告示で示し②一定規模以上のエネルギー供給事業者はその目標達成のための計画を作成して経産大臣に提出し③判断の基準に照らして取り組みの状況が著しく不十分な場合には勧告・命令が出される――というものである。

同法制定の頃の一般電気事業者は、安定・低廉・豊富な電気の供給を遂行するため、まだ自らがベスト・ミックスを達成すると自負しており、同法を「毒まんじゅう（食べると後でひどい目にあう）」と称するものもあった。

しかし、低炭素社会への移行が大きな政策関心事となる中で、非化石エネルギー源の利用促進を担保する手段が石油代替エネルギー法（09年に非化石エネルギー法に改称）だけでは弱いと国は考えたのだろう。かつての国と大手事業者とは、目指すべき方向の実現についてあうんの呼吸で互いに斟酌していた面があったが、時代は変わり、また自由化が進むと、そうはいかない。自由化は、規制強化を通じた規制当局の自由化でもあるのだ。

高度化法の導入時には経営の自由に細心の注意が払われていたが、今では「非化石エネルギー源の利用の促進を義務付けている」と説明され、一定規模以上の小売電気事業者が自ら供給する電気の非化石電源比率を30年度に44％以上にすることを求めている。

◆環境クレジット乱立の背景

低炭素社会の実現に向けた取り組みを主に規定するのは、需要側は省エネルギー法、供給側はエネルギー供給構造高度化法と述べてきたが、実はそう単純には割り切れない。高度化法の対象事業者は、自ら発電方式を選択する発電事業者ではなく小売事業者だ。逆に、省エネ法は発電事業者に対して火力発電の高効率化を求めている。

省エネ法は、新設火力発電所に対して最新鋭の商用プラントと同等以上の発電効率を課し、併せて事業者ごとに既設設備も含めた電源構成で最高水準の発電効率とすることを求めている。近年は特に、非効率な石炭火力発電所をいかにフェードアウトさせるかが焦点になっているが、個別発電所に対する直接規制によって休廃止を促すよりも、省エネ法で発電効率目標を強化することで石炭火力の高効率化を達成させたいという狙いが示されている。

他方、自ら発電設備を保有しない小売事業者が高度化法の目標を達成するためには、非化石エネルギー電源に由来する電気であることの価値（非化石価値）を明示的に扱う仕組みが必要である。日本卸電力取引所（ＪＥＰＸ）で取引される電気にはこの点の明示がなく、またＦＩＴ適用対象の電源では非化石価値が賦課金を負担する全需要家に帰属するとされていたことから、２０１７年に非化石価値取引市場の創設が決定された。18年5月からＦＩＴ電源由来の非化石証書が、20年4月からは大型水力なども含めてすべての非化石電源に由来する非化石証書が取引されている。特別な価値（クレジット）が存在する場合、これを明示化して取引することは理に適っている。

再エネ発電由来の価値として、これまでの発展過程などから既に多様な制度が存在している。具体的には、政府主導の京都メカニズムクレジット（JI、CDM）、二国間クレジット（JCM）、中小企業や自治体の低炭素化プロジェクトのクレジットを認証するJ－クレジットや、グリーン電力証書、そして企業やNGOなどによるボランタリーなクレジット（VCS、Gold Standardなど）がある。温対法（地球温暖化対策の推進に関する法律）では電気事業者にCO_2排出係数、特定排出者にCO_2排出量の報告を求めているが、これらがこの算定に利用可能かどうかもまちまちである。

これらの多様な非化石価値クレジットは、発電事業者や電力小売事業者といったエネルギー事業者だけではなく、近年多様な産業・業種の企業が活用しており、その背景にはSDGs（持続可能な開発目標）がある。これは15年9月の国連サミットで採択されたアジェンダに記載された30年までの国際目標（17のゴール・169のターゲット）であるが、グローバルな事業主体の積極的関与などが機能し、カラフルで印象的なアイコンとその名称は、大いに耳目を集めて定着するものとなった。

SDGsという大義名分の下、企業・産業・国はそれぞれのレベルで、それぞれの思惑と打算を秘めて、戦略立案とその実行の強度を増している。グローバルな環境問題は時間的・空間的に広く影響が及ぶ外部効果であり、その是正などには膨大な金と時間、産業構造の変化も含めた競争力などの大きな変化を伴う。このため、その社会的倫理的意義とは別に、従前から国力や産業競争力の相対的な強化を企図した国家戦略として展開されてきた面が大きかったが、近年はその動きがいっそう激化しているのである。

様々な思惑を秘めつつ企業はSDGsを経営課題に掲げ、あえてコスト高になる手段であっても優先して選択する場合があり、あるいはESG投資（環境・社会・ガバナンス（企業統治）に配慮する企業を重視・選別して行う投資）などのファイナンス面を考慮して企業行動を決定する。G20の要請により設立された「気候関連財務情報開示タスクフォース（TCFD）」は、気候変動関連リスクや機会に関するガバナンス・戦略・リスク管理・指標と目標を明示することを企業に求めている。

これらを踏まえたグローバルなイニシアチブとして、再生可能エネルギー100％を掲げるRE100がある。多くの世界的企業が参加する中、日本でも参加企業が増えており、この目標達成には自らの再エネ導入・調達以外に、環境クレジットが活用される。

環境クレジットの百花繚乱（りょうらん）は、国内制度の発展過程の反映でもあるが、他方では「グローバルな規格・標準化」を巡る競争の一つとしても捉える必要がある。まずは国内の複雑な制度の整合性などを再整理し、国富をかけた成長戦略に臨まなくてはならない。

◆一長一短の政策的手法

わが国の産業界は、自主的取り組みとして温暖化対策に取り組んできた経緯がある。1997年に経団連が「経団連環境自主行動計画」を発表し、業界別に自主行動計画を策定するなど、国の目標設定に先立って取り組みを進めてきた。これらは自主的な計画ではあるが、政府は当初の自主行動計画の時から関連審議会でフォローアップするとしていた。

経団連は2013年に「低炭素社会実行計画」で20年の削減目標を設定し、15年には同計画のフェーズⅡとして30年の削減目標を設定した。同計画は16年5月閣議決定の「地球温暖化対策計画」でも温室効果ガスの排出削減策の一つとして位置付けられ、計画策定時や計画実施状況検証時には第三者評価委員会の評価・検証を受け（プレッジ&レビュー方式）、毎年度のフォローアップとして関連審議会などを経て国の地球温暖化対策本部で評価・検証が取りまとめられる。

電気事業の低炭素社会実行計画は、かつての電気事業連合会の自主的取り組みに代わり、電事連関係12社と新電力有志が新たに設立した電気事業低炭素社会協議会（21年4月時点の会員は64社）が取り組んでいる。

こうした産業界の自主性に期待する方法に対し、他方では政策的手法として、化石燃料に対する課税などの税金や賦課金の形で当事者に金銭的な負担を課し、あるいは逆に補助金や減税の形で当事者の負担を減らす方法がある。

環境負荷の抑制を目的とする「環境税」や、化石燃料の炭素含有量などに応じて課される「炭素税」などとして各国で様々に導入されているが、わが国では、「地球温暖化対策のための税（温対税）」が現行の石油石炭税に上乗せされる形で化石燃料の利用量に応じて課税される。そのあり方については長年議論が続いており、石油石炭税などの化石燃料諸税やＦＩＴ賦課金などと一体的に捉えるべきとする意見は、産業界を中心にして存在している。

近年は、炭素排出量に価格付けを行う「カーボン・プライシング（ＣＰ）」という用語が定着している。ＣＰには炭素税、クレジット、東京都などが実施している排出量取引

（キャップ&トレード）などが含まれる。また管理会計などで自主的に炭素価格を認識することはインターナル・カーボン・プライシングと呼ばれ、これを実施する私企業も増えてきた。

そもそもなぜ温暖化対策として、直接規制・税・補助金・排出量やクレジット取引などの政策がとられるのか。本書の主題からは逸（そ）れるが、ここで簡単に確認しておきたい。

地球温暖化を放置すると将来に深刻な影響が及ぶと予想されているが、日々の社会生活や経済活動を行う企業や消費者などの費用には、その影響（外部費用）は考慮されない。これらの主体が適切な活動量を選ぶためには、温暖化の影響を考慮した貨幣価値を何らかの政策的手段によって実際の負担として認識（外部性の内部化）させる必要がある。

ただし、将来にわたる温暖化の負の影響を正しく評価することは難しい。言い換えれば、温暖化の主たる原因である炭素を削減することによって得られる価値を正しく評価することは難しい。さらにいえば、将来にわたる不確実性も存在している。

また温暖化の影響は将来にわたって社会全体に及ぶが、個々の企業や消費者が温暖化防止のために支払っても良いと考える費用の大きさはまちまちである。誰かが温暖化防止の費用を支払ってくれるのなら、自分はただ乗り（フリーライド）できると思うので、自発的な対策だけに委ねると、望ましい水準の対策は実現できない（公共財的性格）。

こうしたことから、温暖化対策には何らかの政策的手段が必要であるのだが、その手段には一長一短がある。

炭素排出量の直接規制（炭素排出係数の制限など）は明確な内容を持つものの、効率性に課題がある。産業界などの自主規制は費用効果的であるが、高い基準を求めるのは難しい。課税／補助金やクレジットなどの取引制度は経済主体のインセンティブを重視した経済的手法として効率性に優れるが、政治的抵抗などが大きい。したがって、現実的には、これらが複合的な形で用いられることが多い（ポリシー・ミックス）。

炭素削減によってもたらされる社会経済活動の利益の低下（限界便益）や温暖化影響を加味した費用（限界外部費用）の見積もりが難しく、しかも不確実性が存在するので、ＣＰの水準を合理的に決めることは難しい。だがＣＰは、現状の炭素削減費用水準を反映した一種の短期的なシグナルにはなる。

◆クレジット統合の必要性

電力自由化が市場機能の活用を主たる手段とする以上、低炭素社会実現のための電力に関する政策手法も市場機能の活用を第一に置かざるを得ない。覆水盆に返らず。いったんルビコン河をわたった以上は、特定の電源に対する有利／不利を恣意（しい）的な裁量で与えることは単に効率性を損ねるだけである。

もしも地球環境や安定供給上、看過できない問題があるならば、旧一般電気事業者を含むプレーヤーに遂行の責を負わせず、代わって国がその責を負うか、その責を担うための方策についてしかるべき対価を払う必要がある。

低炭素社会実現のため、エネルギー供給面に着目すると、市場機能を通じて非化石エネルギーを増やし、プレーヤーの合理的な選択の結果として、ライフサイクルでみた大幅な炭素削減を実現しなくてはならない。

すなわち、各プレーヤー（発電事業者、自家消費するプロシューマーなど）が、中長期的には電源設備容量新増設の際のエネルギー源の選択において、また短期的には自ら保有する電源ポートフォリオにおける稼働電源の選択において、何らかのインセンティブに対応して、合理的に意思決定できるように条件整備をきちんとしておく必要がある。

そのためには、まずCPについて、複数の仕組みやクレジットを統合していくことが必要である。それが困難な場合でも、各仕組み・クレジット間での裁定機会を整えなくてはならないだろう。またそれぞれの仕組みや制度ごとに、取引などの異なる条件・制約や、個別具体的な直接規制を設けている場合には、それらを撤廃してシンプルな経済的手法へと寄せていかねばなるまい。

短期的には、炭素削減に関わる外部性が何らかの経済的手法で適切に内部化され、系統対策や立地対応などのその他の社会的費用も含めた形で、プレーヤーが妥当に意思決定をすることが最も効率的となる。

さらに中長期的な電源シフトを進めるためには、短期的なシグナルでプレーヤーの備えや予見性を高めつつ、国が別途方策を講じる必要がある。

わが国の自由化は電源競争が限定的で、市場構造に無理やり介入しても変わらない。電源シフト政策は、むしろ衰退産業に対する構造転換の政策に近いものとなろう。

ＣＰの複数の仕組みやクレジットの統合、裁定機会の整備について、少々補足しておきたい。

需要家が、電気の生産段階における脱炭素価値を保有したい場合、すなわち自らの炭素排出量をオフセットするなどの目的で炭素クレジットを認識・保有したい時には、自らが再生可能エネルギーなどの非化石電源による発電を行うプロシューマーとなるか、あるいは何らかの仕組み・クレジットを利用することになる。

炭素クレジットについては前述の通り、わが国では２０１３年に従前の制度を一本化した国の認証制度の「Ｊ−クレジット制度」や、海外プロジェクトにおける貢献分を評価する「二国間クレジット制度（ＪＣＭ）」、民間認証機関が発行するクレジットなどがあり、発電における脱炭素価値も本来的にはその社会的な価値はこれらと連携するはずのものである（脱炭素価値の一物一価）。

しかし、それぞれの定義や経緯、取引機会や価値の用途などが様々であるために、実際の価格はバラバラで市場としての厚みも薄い。

電源についての脱炭素価値は「非化石価値」として扱われる。脱炭素という観点からは、CO_2削減量や吸収量で評価した価値が認識されるわけだが、特に再生可能エネルギー由来の電源を指定したいとする場合や、例えば「原子力の電源は嫌だ」という主義信条の消費者がいる場合に、特定の電源種別や産地などのトラッキングを伴うものでないと困るという場合などもある。こうした場合、純粋な脱炭素価値に付加的な価値がプレミアムとして認識される。今後、脱炭素価値の裁定機会が整備されたとしても、こうしたプレミアム相当の価格差は残ることになる。

再生可能エネルギーであることの価値は、00年に日本自然エネルギー株式会社が商品企画を発表して以来、「グリーンエネルギー証書」として現在も取引されている。ここで認識された価値は「グリーン電力環境価値」と呼ばれ、具体的には「省エネルギー（化石燃料削減）・CO_2排出削減などの価値」と説明されているが、実質的には上述の「再生可能エネルギー電源指定プレミアム」を含む価値取引の先駆けであった。

ＪＥＰＸの非化石価値取引市場では、既に述べた通りＦＩＴ電源に由来する証書が18年5月から、非ＦＩＴの非化石電源に由来する証書も20年4月から取引されるようになった。このうち前者の売上は、広く国民が負担するＦＩＴ賦課金を低減することを目的としている。これに対して後者の証書は、非化石電源の利用促進に資するものとされ、従ってエネルギー供給構造高度化法の目標達成に使えると整理された経緯がある。

脱炭素社会の実現は、グローバルな国富の問題でもある。炭素クレジットの認識に当たり、グローバルな定義や規格・基準の設定をどうするかは国益に大きな影響を与える。その一例として「追加性」がある。これは、当該の認証活動がない場合に生じる排出量の削減に比べて、追加的な削減・吸収をもたらすかどうかの議論であり、価値の有無に直結する。

また欧州連合（ＥＵ）が主導する持続可能性に関する「タクソノミー」（分類学）の議論では、経済活動が環境的に持続可能であるとみなされるための条件を示しているが、これは自らがリードする「グリーンな投資」へのファイナンスなどで有利に働く効果を持つ。

価値の認識の根幹に関わる炭素削減量の捉え方などはＩＳＯ（国際標準化機構）などで議論が進むが、炭素国境調整措置に関する制度設計などにおける国際的なルール策定・適用の議論は、まさに各国・各地域の今後の国富に関わる検討となる。わが国のＣＰの議論も、一連のグローバルな議論の動向は無視し得ない。

短期的には課題も多いが、長い目でみれば、クレジット取引における裁定機会の確保は、取引市場の厚み・安定感にもつながり、ひいては今後導入が予想される炭素税などの明示的な制度との円滑な接続にも有益であろう。

今後、デジタル技術の活用によって「ライフサイクルのどの段階で、どの程度の炭素負荷が存在し、どれほど脱炭素に寄与したか」がトラッキングされ（カーボン・フットプリント）、見える化が進めば、各主体の行動変容が一層促進されるだろうし、各段階での炭素クレジットが最終価格へ適切に転嫁され、炭素税と円滑に接合することも期待される。

◆カーボンニュートラルは一日にして成らず

2020年10月に菅義偉首相は「50年カーボンニュートラル」を宣言し、21年4月には、30年までのCO_2排出量削減目標を13年度比46％減とする目標を発表した。

この目標は、IPCC（気候変動に関する政府間パネル）の18年特別報告書で「地球温暖化を1・5度以内に抑えるために、CO_2排出量が30年までに45％削減され、50年頃には正味ゼロに達する必要がある」としていることと、おおむね平仄（ひょうそく）が合う。

日本を含む先進国は既にエネルギー関連のCO_2排出量を減らしつつあるが、その他の国々は今後もエネルギー利用拡大が見込まれている。IPCCの特別報告書の目標達成は「不可能ではないが、社会のあらゆる側面において前例のない移行が必要である」とされている。

同報告書のシナリオでは、10年から30年にかけて、①エネルギー最終消費の削減が15%の場合は、電力に占める再生可能エネルギー比率は60%、1次エネルギーに占める原子力比率は59%である②同消費削減が5%にとどまる場合は、原子力の対1次エネルギー比率を83%に高めた上で、約１００億ギガトンのCO_2回収・貯留（CCSなど）を当てにする必要がある——としている。目標達成には大幅なエネルギー需要削減が必須となるのだ。

わが国の目標水準も、各種のイノベーションの進展を念頭に置く、極めて挑戦的な目標水準であることに違いはない。ただし30年にはあと10年もないので、新たに大規模な革新的電力設備の形成などは見込めない。まずは既にある基幹システムのより柔軟で効率的な活用を基本としつつ、各地域で再生可能エネルギーの導入拡大を図っていく、比較的緩やかなシステム移行が進むだろう。

その際に考慮すべき費用として、単体としての発電コスト（プラントの立地・建設から廃棄に至るまでの総費用を総発電量で割った平均費用）のみならず、系統安定化のためのシステム費用や、さらには各種の外部費用までを含むべきとの見方がある。包括的に費用を捉える見方はかつての一般電気事業者内部の意思決定過程に近いが、それぞれを担うプレーヤーが異なる中では、各利害関係者相互の調整や、具体的なプロジェクトの完遂までの取り組みなどは、必ずしも容易ではなかろう。


カーボンニュートラル達成目標の50年まで、あと30年足らずしかない。日進月歩のデジタル化の進展が、社会経済を果たしてどう変化させるだろうか。

リニア新幹線の例をみよう。超電導磁気浮上方式（超電導リニア）の走行方式で建設が進む中央新幹線は、１９７３年に基本計画に位置付けられ、90年に山梨リニア実験線の建設工事に着手した。11年にＪＲ東海が営業主体および建設主体として指名され、14年に工事実施計画を認可、工事に取り掛かるが、21年時点でも静岡工区大井川減水問題について地元との交渉が続いている。

この例からも分かるように、次世代システムへの移行には時間や費用がかかり、様々なあつれきも伴う。鉄道事業と同様に、電気事業も地に足の着いた地道な取り組みを必要とする。

現行のエネルギー基本計画では、水素社会の実現に対する期待に大きな紙幅が割かれている。現状をみて「できない理由」を言い立てるのはイノベーティブな姿勢とはいえず、また決して生産的でもないが、一方で現況をわきまえない議論も「空論」とのそしりを免れまい。国内水素ステーションにおける1ノルマル立方メートル当たり100円程度の水素コストで発電した場合、単価は1キロワット時当たり約52円程度となる。国際的な水素サプライチェーン開発、水電解システム、水素混焼／専焼発電などの、技術開発・課題解決・費用低減などに関する取り組みがどの程度実を結ぶかは、現時点では予断を許さない。

かつての再生可能エネルギーは、その変動性や費用水準などから一人前の電源として扱われていなかったが、いまは「主力」と称される。現在の水素はプロ野球でいうドラフト1位。将来、自他ともに認める「主力」と呼ばれる日が来るまでには、電力自由化の枠組みを超えて、エネルギー産業全体の構造と行動の変容が大きく進んでいるかもしれない。

「分散型エネルギーリソース（ＤＥＲ）」と総称される、ＤＲ、需要側に設置した発電設備や、ＥＶを含む蓄電設備などの資源を組み合せた分散型システムは、持続可能な社会への変容（サステイナビリティ・トランジション）の一つの可能性である。配電事業の自由化はその布石でもあるが、その活用が突破口になるかどうかは未知数だ。

エピローグ　電力自由化の未来を考える

エピローグ1　未来に向けて学ぶ「失敗」

西村　陽

◆「失敗の本質」との比較

これまで本書は、1983年のP・ジョスコウとR・シュマーレンシーによる世界初の自由化のモデル提示から始まり、欧米の先行例とその捉え方、「責任ある供給主体」という日本独特の自由化思想、2000年から最初の10年間の漸進的改革、その後の非対称規制の暴走による競争進展とその帰結としての21年初頭の需給危機、あるいは新しい電力システムとしての需要側資源の活用等を見てきた。その間、筆者は海外から見た日本の立ち位置、理論、産業組織論としての分析等、基本的には経済学と制度分析の視点を中心に書いてきたつもりである。

執筆陣3人でこの本を締めくくるにあたり、筆者は少し趣向を変えて、自由化という変革に臨んだ電力人や規制当局の人間そのものに焦点を当てたい。つまり経営学や組織論の目で人々が自由化にどう臨み、どんな理由で何が起きたのかがこの終章のテーマである。

ここで電力自由化史の鏡合わせのための教材として用いるのは、日本で書かれた最高水準の経営学・組織論の古典として名高い『失敗の本質』（戸部良一他、84年）である。言うまでもなく「太平洋戦争」という一連の作戦群で結果的に多くの失敗を犯し、自らの解体・消滅に立ち至った日本軍についての分析書であり、内容は外部環境変化への対処、学習、情報感度、組織革新、そして内部の人間自身にまで及ぶ。

つまり、この『失敗の本質』から、電力自由化という環境変化に対処する上である時点では成功し、ある時はそれ以上の失敗を演じた日本の電気事業とそこにいた人々について、どこが共通しており、どこが違っているのかを見ていきたい。

そしてその対照の目的は、決して当時の責任やその帰する先を明らかにすることではなく、次の時代の電気事業にかかわる人々への警鐘と希望の道の提示である。『失敗の本質』が、84年以降に日本の民間・公的組織が直面するだろう環境変化や苦境に立ち向かう日本人組織が持つべき教訓を示すことを目的に書かれ、以降組織の姿を扱うほとんどの日本人の愛読書となっているように、自由化の中で電気事業者が持つべきだった、あるいは持てなかった行動や組織特性を明らかにすることは、次の挑戦のチャンスになる。日本軍と違って電気事業自体は今後も消滅するわけではないからだ。

◆戦略の欠如

本書の元となった電気新聞紙上での連載でつづってきた電力自由化の経緯、あるいは物語は、実に多くの方々に続けて読まれていたようで、3人の著者にとっては率直にうれしく、意気に感じるものがあった。また登場頂いたみなさんも、掲載日に懐かしい仲間や業界の方から久しぶりに連絡をもらったことも多かったと聞いている。

そして、読者やそうしたみなさんにとってどうにもすっきり整理がつかないのが、「日本の電気事業者は自由化という波に対して成功したのか、あるいは失敗したのか」という問いに対する答えではないかと思う。それはすなわち「成功＝勝利」と「失敗＝敗北」の定義の問題である。

2000年当時、電気事業者の考える「成功＝勝利」の一つのパターンは事業の姿、すなわち垂直統合事業体の維持であった。特に日本とドイツがその代表であり、両国の事業者ともその定義に立てば10年前後までは圧倒的な勝利者であったと言ってよい。ドイツは小売自由化後、激しい価格戦と合従連衡を経たものの、再編されたエーオンとRWEはむしろ欧州最大の成功者となり、事業体は依然垂直統合で発電部門が利益の多くを上げていた。

これは実際には卸市場の流動化によって競争圧力をかわし、余剰発電設備を巧みに廃棄して電気の値崩れを防いだ00年代前半の企業行動も貢献している。

一方の日本は本書で何度も取り上げたように電力各社にとって00年の自由化開始からの10年間は圧倒的な連戦連勝期であり、競争を受け入れながら垂直統合・安定供給を行う圧倒的に有利な事業者という当初のもくろみは、12年以降の非対称規制の暴走までは実現していた。

ドイツの2大電力に凋落の時が訪れたのは10年代の中盤のことである。アンゲラ・メルケル首相の登場とともに始まった風力の大量導入と優先給電によって、4大電力の発電会社の生命線である火力発電機は市場を失い、電力市場価格も暴落したので、彼らはかつての垂直統合の形は保てなくなり、今や両社とも発電部門や自由化市場の小売事業を持っていない。

この「前半連戦連勝、後半惨憺たる戦線崩壊と敗戦」という経緯は、第2次世界大戦における日独両軍と実によく似ている。なぜこのようなことが起こったのだろうか。

日本とドイツの電気事業者の自由化に対する臨み方と、その成功・失敗の歴史の原因は、『失敗の本質』が語るところの「個別の戦術あって戦略なし」という点に尽きる。日本軍でいえば真珠湾攻撃は作戦的な大きな成功であったが、その後ワシントンの占領を目指すのか、どの段階で講和を目指すのか、というグランドデザインに欠けていた。「垂直統合の事業構造と支配的地位の維持を長期にわたって続ける」というのは、戦術であって戦略ではなかった。ところが当時の業界を支配していた「雰囲気」（失敗の本質でいう「硬直的パラダイム」）が「いつかは事業の姿そのものが変わる」という議論を許さず、垂直統合事業体と支配的地位を前提とした戦術的な対応に終始した。

図12－1は日本軍と米軍の戦略と組織を比較した『失敗の本質』の中核ともいえるものである。戦略がインクリメンタル（場当たり的）でありグランドデザインがないこと、意思決定が集団主義であることなど、見れば見るほど電力内部の様子と日本軍の駄目さ加減が似ていることが分かる。

〔図12－1〕

日本軍と米軍の戦略・組織特性比較

分類	項目	日本軍	米軍
戦略	1.目的	不明確	明確
	2.戦略思考	短期決戦	長期決戦
	3.戦略策定	帰納的（インクリメンタル）	演繹的（グランドデザイン）
	4.戦略オプション	狭い（統合戦略の欠如）	広い
	5.技術体系	一点豪華主義	標準化
組織	6.構造	集団主義（人的ネットワーク・プロセス）	構造主義（システム）
	7.統合	属人的統合（人間関係）	システムによる統合（タスクフォース）
	8.学習	シングル・ループ	ダブル・ループ
	9.評価	動機・プロセス	結果

（出所）戸部・寺本・鎌田・杉之尾・村井・野中
『失敗の本質』第二章

結果として21年時点で日独の電力会社は、悲惨な敗戦を迎えている。企業の価値を表す一つの指標に株式時価総額があるが、日本の主要3社（東京電力・中部電力・関西電力）の合計2・5兆円は、かつて販売電力量や設備量でその10分の1にも及ばないデンマークの小さなエネルギー企業であったオーステッド（7兆円）の3分の1しかなく、ドイツの2大電力（エーオン、RWE）にいたってはさらに小さい（21年5月末時点）。「そんなものは電気事業経営の目的ではない」という反論もあろうし、東京電力が特殊な公的管理の下にあること、オーステッドが風力大手として再生可能エネルギー投資を呼び込んでいる特殊要因もあるが、少なくとも設備や販売電力量といった古い戦術において信じていたものが、今日、本質的には何の価値も持たないことは明らかになっている。『失敗の本質』では最終章で紙幅を割いて戦略・組織の根源にある日本軍の長老体制、外（海外）の情報への鈍感さをはじめとするありようを断罪している。そして重要なのは、かつて『失敗の本質』が「こういう欠点が今日本の企業や公的組織にないですか？」と問い掛けたように、今の電気事業者にはそれらはないですか、と問うことなのではないだろうか。

◆事実軽視のパラダイムから脱皮を

日本の電気事業者の自由化対応が日本軍と似通った組織特性によってかなりの失敗を演じた、ということが正しいとして、一方「日本の電力自由化」全体レベルで考えた場合、政治を含むルールメーカー（規制当局）、それを受ける旧独占＝既存事業者、新規参入者や電力ユーザーがプレーヤーとなる。海外での電力自由化、という新しい課題に対してどう戦略はデザインされ、実行されただろうか。

本書執筆陣の一人である穴山悌三は、２０２１年6月の公益事業学会で小売部分自由化が始まった00年から10年間の電気事業制度改革をサステイナビリティ・トランジションの観点で論じた。これによれば、効率性重視等の改革機運等（マクロ）を意識した規制者の方針、当時の体制下での変革を志向する既存事業者、新規参入者やユーザーの相互作用（メゾ）、個別の事業行動（ミクロ）の3層で捉えると、この自由化始期の10年間、それらは日本の国情に合わせて安定供給を重視しながらも効率化による価格低廉化を目指し、既存事業者はそれに応えて努力し、新規参入者も供給サイドを重視した経営資源の活用を進めて、結果的に当時の「制度疲労」の解消に向けて一種のチームワークが見られていたことが分析された。これは『失敗の本質』の中で米軍にあって日本軍になかったものとしてよく挙げられる「グランドデザイン」「構造主義（システム）」であり、経営学で時に「活動のフィット」と呼ばれるものである。つまりこの時期、日本の電力自由化対応は世界の潮流をうまく取り入れつつ、自らに生かしていたといえる。

11年以降、一転して規制当局・既存事業者・新規参入者はすべて敗者となった。政治と規制当局は、本来カンフル剤として使うべき非対称規制を長期にわたって使用して市場機能を殺し、再生可能エネルギー固定価格買取制度（ＦＩＴ）はかえって長期的な再エネ導入拡大の足かせとなった。既存事業者は市場喪失か価格下落のリスクの選択の中で必要なバランスシート調整を怠り、新規参入者は結果的に短期市場でギャンブルを続ける存在となった。そのあげくに起こったのが供給力不足と制度盲点の露呈である。これらはすべて「今の電力自由化は間違っており、既存事業者が弱体化した大震災はチャンスだ」という当時の一部の人々の考えに端を発しており、そこには戦略デザインも作戦遂行能力もなかったのである。

電力会社、あるいは電力自由化に直面した日本全体、すなわち規制当局・事業者・国民は改革前半の戦況からなぜ後半10年に惨憺（さんたん）たる敗北を喫したのだろうか。そのヒントを求めて筆者はある電力会社の元経営者を訪ねた。自由化前半、業界全体のリーダーを務めた、電力市場や金融にも明るい優れた人物である。

――海外で初めて電力自由化が始まった時、どう感じたか。

〔図12－2〕

電力量不足確率
（Loss of Load Probability：LOLP）

電力量不足確率 pe

＝期間中の失われた負荷の消費電力量の平均値

／期間中の負荷の全消費電力量［kWh］

⇒ 電力量不足確率は停電を特徴づける３要素、すなわち、停電の頻度および持続時間、大きさの３つの積で表される

「規制産業、と呼ばれるのが嫌だった。自由産業になれると思った」

よく「自由化なんかメリットがない、規制産業が正しいのだ」という論者が業界に存在するが、根源的な自由化への思いはそんなに単純ではない。

――あなたがかかわっていた時代から後の10年、自由化がすっかり失敗したことをどう見ているか。

「やっぱり供給責任、それも概

念じゃなくてＬＯＬＰ（電力量不足確率＝図12－２）の設定どおりの設計になっているか、という基本の基本を踏み外した結果だろう。自由化が始まった時、他の小売事業者分の発電設備は捨ててしまえる、過剰設備を抱え苦しむ中、楽になると思ったものだ。供給責任を果たせない小売事業者が出てくるなど考えられない」

この後半部分は第４章に登場した、初期から活動する新電力経営者の本名均の述懐とまったく同じである。

――あなたは設備を持つリスクや資本生産性が下がることの恐ろしさをよく知っている。00年当時、正直、電力会社はどうなると思っていたか。

「自由化制度や体制以前に、電力はもう成長産業ではなかった。大きな成長が見込めるのは情報通信、不動産であり、旧来の電気を作り、売る仕事に賭けるのは無理があった。そのつもりで布石は敷いたつもりだ」

ここでも本書の中で何度も出てきた経営ダイナミズムへの思いが見てとれる。電力会社の中ではこうしたダイナミズムと、「電気が中心でサブとしての多角化、安定供給が企業の基本」という2つのコンセプトが振り子のように常に揺れている。そして後者のコンセプトは「電力はもはや成長産業ではない」という絶対的真実を否定したい、という組織内に沈着した枠組み（『失敗の本質』で「硬直的パラダイム」と呼ばれているもの）がもたらしている。

――今の電力システムや政策が忘れていることは何か。

「エネルギー自給をしっかりやることだ。電力輸入ができない日本で本当に脱炭素をすれば、石油備蓄では運輸にも電気にも使えない。再生可能エネルギーは貯められないし、水素やアンモニアを大量貯蔵するのは困難で、現実解としては原子力しかない」

「エネルギー自給率が11％しかない国の電力システムにちゃんとなっているか。安全確保を大前提とした軽水炉活用、水素生産にも使えるＨＴＴＲ（高温ガス炉）、ＳＭＲ（小型モジュール炉）等、一番イノベーションのポテンシャルがある原子力を無視するのか」

考えてみれば、この人物が語った「供給責任を突き詰めて制度を作れ」「規制ではない自由な事業である」「電力はもはや成長産業ではない」「エネルギー自給（エネルギーセキュリティー）が前提で、原子力のイノベーションは重要だ」というのは客観的事実であり、本来誰も否定ではないはずである。

本書で何度も出てきたように、これら客観的事実が自由化混迷期にはいつのまにかタブーになり、政策の場でも決して出てこなくなった上、事実ではないものに立脚した制度や経営が電力市場を襲ったのである。

『失敗の本質』は日本軍の作戦一つ一つを分析し、その根源にある客観的事実の軽視、外からの情報に対する鈍感さと内部事情での理解、組織内パラダイム以外を学ばぬ組織、中枢部の長老支配を明らかにしていった。同様に本書でも、われわれ執筆陣は日本の電力業界の組織特性の一部は解き明かしてきたつもりである。

『失敗の本質』との対比から教えられることは、自由化に直面した電力会社も強力な硬直的パラダイムと自己保存願望を持ち、ただ一面では伝統的な価値観のために懸命に働く多くの人員を持つ、典型的な日本人の組織であったということである。

20年以降のコロナ禍でも明らかになったように、こうした特性を持つ日本人の組織は外的ショックや急激な構造変化に対して極めてもろく、長期戦略のない戦術的対応の連続、根拠のない楽観主義がまん延する。電力に限らず、こうしたものから脱皮した次の枠組みを、われわれは常に意識して革新しなければならないのではないだろうか。

エピローグ2

送電線開放モデルを問い直す

戸田　直樹

◆競争市場の功罪

1980年代以降、世界中で進んだ公益事業の規制改革の波は、90年代に入って電気事業に及ぶようになった。その際行われたのは、規模の経済性、ネットワーク外部性が残る部分、電気事業でいえば送配電網を共通のインフラとして開放し、発電・卸売と小売の分野に新規参入を解禁することであった。電力自由化を行った国はおおむねこの手法を採用しており、これを澤昭裕は「送電線開放モデル」と呼んだ。日本も2000年に特別高圧需要家向けの電力小売市場を開放して以来、このモデルを採用している。

本書を終えるにあたって、この送電線開放モデルについて考えてみる。このモデルを採用したことが日本にとって正しかったのか、あるいは今後もこのモデルを維持していくことが正しいのか、である。「正しかったのか」についていえば、正しくなかったとばっさり断言できるわけではなく、良い面も悪い面もある。市場原理、競争原理が業界を活性化したことは間違いない。

他方、このモデルが理想的に機能するように突き詰めていくと、月並みな言い方であるが、電気の安定供給のリスクが増す。震災後のシステム改革はそのリスクを顕在化させたと筆者には思える。

市場である以上当然ともいえるが、送電線開放モデルは、多数のプレーヤーによる活発な競争により、市場が「競争的」になること、理想的にはすべてのプレーヤーがプライステイカーになることを良しとする。市場を競争的にすることだけを考えれば、市場集中度は低いほど良い。電気は需要の価格弾力性が小さく、独占・寡占の弊害は他の財よりも顕著に表れるので、余計にそう考えられがちな側面もあろう。

他方、電力供給システムには同時同量という物理的な制約がある。同時同量が崩れると最悪の場合、広域停電、すなわち市場全体が崩壊するという他の財にはない特徴があり、システムが安定運用されるために、需要に見合った設備形成がなされることが他の財以上に重要である。そして、国内の資源が乏しいという日本固有の事情もある。

これらは自由化に慎重な論者が以前から繰り返し発言してきたことで、守旧派による思考停止した言い訳のように受け取る向きもあるかもしれないが、改めて考えてみても重要な視点と思う。それは、今後のシステムを考える上でもである。

90年代以降、電気事業制度の改革が世界的に進展した背景には、石油危機以降、先進国の経済が低成長に移行し、地域独占の下で形成されてきた電力設備に余剰感が出てきたこともあると思っている。そして、市場の需給調整機能により余剰の供給力をスリムにする点では、改革は各国・地域でおおむね成果を上げてきたと思量する。

他方、新たな設備投資が必要となる局面で市場の需給調整機能だけに投資判断を委ねるのはリスクがある。換言すれば、社会的に必要な電力設備の量を市場で決めようとすると必ず過小になる。理由は次の2つである。

第一に、需要側の事情として、供給信頼度の外部性がある。広域停電が発生すると被害は甚大で、供給力に冗長性を持たせてその確率を減少させることの社会的便益は大きいが、市場参加者はそれを十分に認識できない。

それは広域停電の影響が大きく、技術的に難しいことから、実際に需給が逼迫した際に市場による需給調整に最後まで委ね続けることをしないからである。通常は、周波数低下リレー（ＵＦＲ）とか輪番停電、あるいは電圧低下（ブラウンアウト）など、市場によらない方法により系統運用者が需給調整に介入する。この介入により需要家は、停電の機会費用をフルに認識する機会がない。

第二に、供給側の事情として、発電投資に伴うリスクの非対称がある。電気は貯蔵が難しく、需要の価格弾力性が小さい。電気が余っているときに値段を下げても需要が劇的に増えるわけではなく、余剰となってしまった発電設備の設備利用率は極端に低くなる。投資家から見ると、過小投資よりも過大投資のリスクの方が大きいので、市場にただ委ねるだけでは、投資家は過小な投資を選択する。

このため、社会的に必要とされる供給力の量まで市場に決めさせることは普通はない。社会的に許容される停電の確率などを公的な主体が信頼度目標として定め、それを満たすような供給力を確保することが広く行われている。信頼度目標は市場が決めたものではないので、市場の需給調整機能に委ねて達成されるものではない。これは自明である。

この問題、自由化当初、独占時代の貯金があったときにはあまり意識されることはなかったと思われる。貯金の減少とともに意識されるようになり、様々な国・地域で市場を補うサブシステムとして容量メカニズムが導入されている。

◆「大規模化」という発想の転換

先述の通り送電線開放モデルは、送配電網を共通のインフラとして開放し、発電・卸売と小売の分野に競争を導入する。競争を導入する以上、その市場が「競争的」になることを目指す。多数の新規参入による活発な競争の結果、すべてのプレーヤーがプライステイカーになることを理想とする。

政府が大手電力に対して、余剰供給力全量を限界費用で市場に投入することを求めたのは、大手電力にプライステイカーのように振る舞わせ、競争的な市場を模擬しようとしたものと理解される。

発電分野に競争を導入する論拠は一般的には「発電分野における規模の経済性の消滅」であると言われる。しかし、欧米とはエネルギー事情が大きく異なる日本でもこの論拠が成立するのかどうか。

例えば火力発電の主要燃料である天然ガスについて、欧州はパイプライン網が発達しているだけではなく、巨大な地下貯蔵施設が多数存在し、数カ月分の発電量に相当するガスの在庫が可能だ。また、北欧地域に豊富な水力発電所は数カ月分の発電に相当する巨大な貯水池を持っている。こうした巨大なバッファーを持っている欧州に対して、日本は、水力発電所の貯水量はせいぜい数日分レベル、天然ガスはほとんどを輸入LNG（液化天然ガス）に依存しており、低温で液化しているので、大量に在庫を持つことは難しく、発電用LNGの在庫は通常14日程度にすぎない。

すなわち、日本の電気事業は、欧州に比べて格段にバッファーが乏しい環境の中で、安定供給の遂行を求められている。その要求に応えるためには、国際エネルギー市場で伍していける購買力を維持すること、特定の燃料に過度に依存せず、電源の多様化によるリスク分散を図ることが肝要だ。競争が促進されても、これらが失われてしまってはかえって国益を損なう。2020年末～21年初に発生した全国的な需給逼迫は、これらの重要性を再認識させせられる事象であった。

送電線開放モデルが理想とする競争的な市場とは、自らの行動が市場に影響を与えず、市場で決まった価格を受け入れるしかない多数の小規模プレーヤーから成る市場である。こうした小規模プレーヤーたちに、国際エネルギー市場で伍していける購買力や電源の多様化によるリスク分散を図る能力を期待できるのかどうか。

12年に発表した論考の中で澤は、「日本の電力会社は発送電分離を進めて小さな主体に分割して行くよりも、むしろ大規模化を目指す方が合理的だ」と指摘した。

当時は電力システム改革専門委員会で、発送電の法的分離が議論されていたので、澤のこの指摘はいわゆる「逆張り」である。

とはいえ、上流の国際エネルギー市場が経済学者の言う競争的な市場とはとても言えないであろうに、下流の国内発電市場だけ、送電線開放モデルを通じて競争的な市場を追求することにどれほどの意味があるか、エネルギー資源の大半を輸入に依存する日本では、ともすれば、国際エネルギー市場のパワフルなプレーヤーのカモを多数つくるだけになってしまいかねないのではないか、という指摘にはうなずけるものがある。

澤は送電線開放モデルの対案として、「発電から送電・配電に至るシステム、あるいはこのシステムを通じて供給される電力、つまり卸電力の分野を共通インフラと位置付ける」事業モデルを提唱した。卸電力を共有インフラとすることによって、エネルギーセキュリティーに資する規模の経済性を確保する。そして、その共通インフラは、すべての小売事業者、すなわちすべての需要家が支える。

この提案、かつての日本発送電の時代に時計の針を戻すように感じられる向きがあるかもしれない。実際、澤は福島第一原子力発電所事故後、国家管理下に置かれた東京電力の将来像として、このモデルを適用し、東日本の3電力会社の発電・送電・配電部門を統合した「東日本卸電力」を提案している。

しかし、これはあくまで適用の一例で、モデル自体は事業者大合併を求めるものではない。系統運用者が発電事業者に対するシングルバイヤーとなり、かつエネルギーセキュリティーに資する規模の経済性を確保すべく燃料調達に関与する制度を整備すればよい。

このモデルの下では、小売電気事業者は共通インフラである卸電力を全体で支える。各時間帯の限界費用を反映した時間帯別価格となると思うが、同一の条件で卸電力を調達することになるので、小売競争は価格競争ではなくサービス競争になる。価格変動をリスクヘッジするノウハウを競う、電気を活用した顧客体験（UX）を競う等が考えられよう。そのため澤はこのモデルを「小売サービス多様化モデル」と呼んだ。

◆脱炭素時代の需要増をいかに支えるか？

２０２０年10月26日、菅義偉首相は臨時国会冒頭の所信表明演説で、50年までに温室効果ガスの排出を実質ゼロにする目標を表明した。これにより、電力を含む日本のエネルギー産業は、あと30年で二酸化炭素（CO_2）を実質排出しないシステムへの移行を目指すこととなった。

他方、安定した電力供給は引き続き維持されなければならない。50年カーボンニュートラルの目標が提示されたことはこれにどんな影響を与えるか。

まず思い浮かぶのは電力需要の大幅な増加である。CO_2を大幅に削減するには、電源の脱炭素化と需要の電化を車の両輪で進める必要があるからである。

21年5月の総合資源エネルギー調査会基本政策分科会で公表された地球環境産業技術研究機構によるシナリオ分析（図12－3）では、ケースにより幅があるものの50年の発電電力量は１・３５兆～１・５兆キロワット時と、現状（約１兆キロワット時）から30～40％

〔図12－３〕

2050年の日本の発電電力量（万キロワット時）

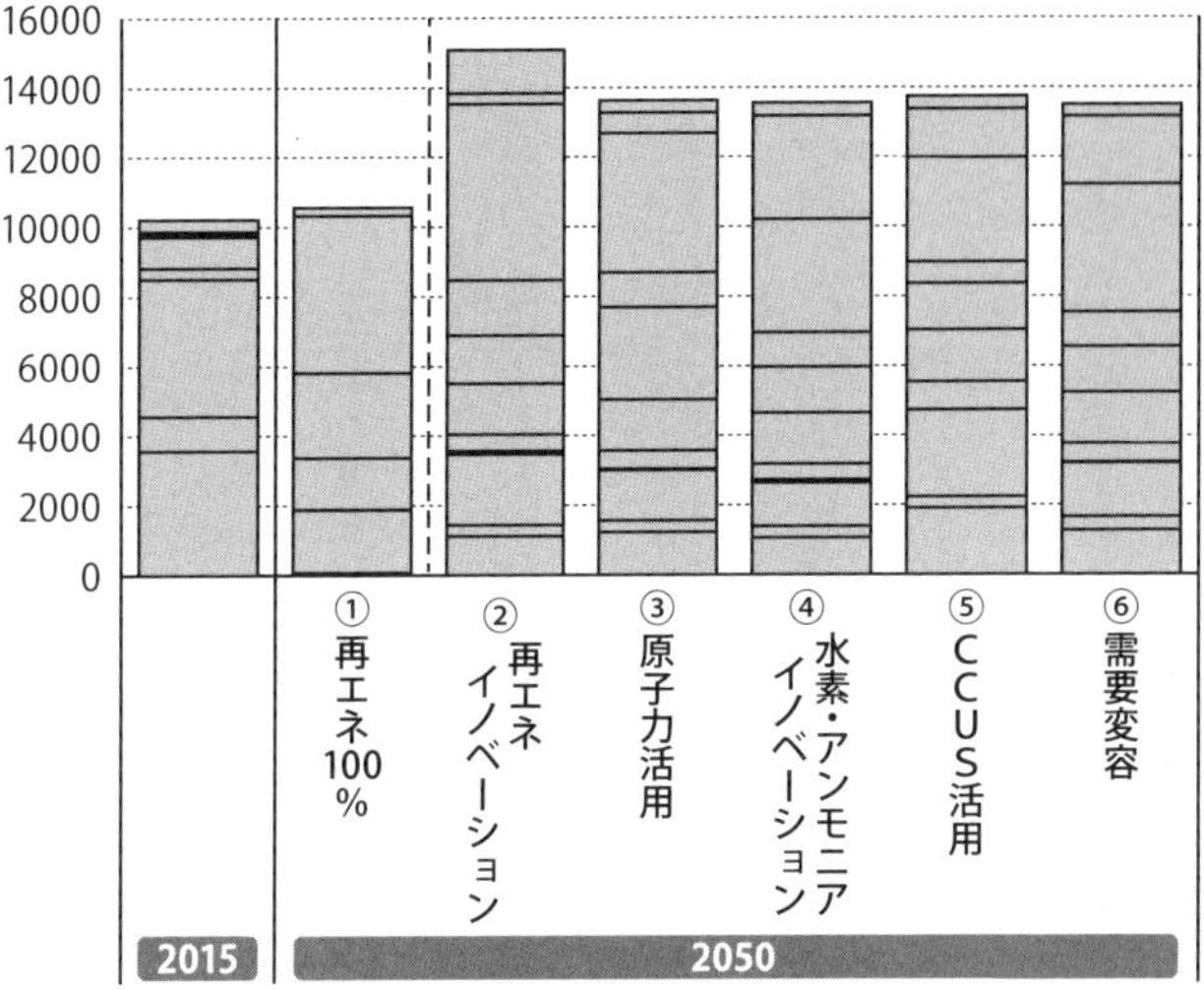

（基本政策分科会資料より）

増との結果であった（電力価格が高価になり電化が進まない再生可能エネルギー１００％ケースは除外した）。これに加えて一部産業用需要など電化が困難な領域まですべて国内のグリーン水素由来の燃料で賄うことを前提とすると、現在の２倍の２兆キロワット時を超えるというシナリオを提示している機関もある。

　仮に50年の発電電力量が１・４兆キロワット時になるとすると、今後30年間の電力需要の増分は年平均約１３０億キロワット時になる。電力小売自由化が始まった00

年以降、電力需要は減少傾向であるが、00年までの30年間でみると、電力需要は年平均200億キロワット時強の増勢を示していた。これは、前述の年平均130億キロワット時を上回る。

ただし、今回は既存の発電設備のストックについてもリプレースまたは脱炭素化のための投資が必要である。主力電源たる再生可能エネは設備利用率が低めである。50年にカーボンニュートラルを達成するための設備投資ラッシュが、過去の増分需要年平均約200億キロワット時の世界よりも小さいとはあまりいえそうにない。しかもこの時、電力小売自由化はまだ始まっていない。法的独占+供給義務+総括原価制度の時代であった。自由化により投資した設備が遊休設備になってしまうリスクは基本的に考慮せず、増え続ける需要にいかに応えるかを専ら考えていた時代である。

自由化の下にある事業者は、一般的に法的独占体制下に比べて電源投資には慎重になるが、今後民間による電源投資判断が難しくなる要因はほかにも考えられる。いずれもカーボンニュートラルに起因するものだ。

第一に、電力需要の増加が見込まれるとしながら、本当に増加するか不透明である。電化は需要側機器のストックの入れ替えを伴うので、過去のトレンドを見ても急に進展するものではない。50年にカーボンニュートラルを達成するには、過去のトレンドを変える必要があり、それには強い政策が必要だ。それができなければ、人口の減少に伴い、電力需要はむしろ減る可能性もある。

第二に、電源ミックスを構成する技術の多くがまだ実装に至っていない、あるいは実装はされていても自立に至っていない。つまり多くの技術は政策補助が必要な段階であるので、ある技術が電源ミックスの中でどの程度実装されるかは、政策補助の強度に多分に影響される。これは自立した発電技術でも同様である。政策補助の強度により、自らの市場が縮小する可能性を考えなければならない。

第三に、電力システムが今以上に固定費中心のコスト構造になる。再生可能エネルギーの限界費用はゼロであり、原子力も限界費用が小さい。キロワット時市場が限界費用で価格形成されるなら、固定費回収が期待できる価格水準にはなりそうもない。さもなくば一定頻度で極端な価格スパイクが発生することを受容するかである。ただし、この点は最近議論が開始された容量市場の長期固定化により克服できるかもしれない。

以上のとおり、カーボンニュートラル達成に向けて今後30年間に相当の投資ラッシュが求められる一方、送電線開放モデルの下で、民間企業が市場原理に基づいて電源投資を判断していくのはもはや難しいと思われる。

カーボンニュートラルへの移行に向け、澤が「送電線開放モデルの下での競争促進」の対案として提案した「小売りサービス多様化モデル」に移行することも、選択肢たり得るのではないかとあらためて感じている。

エピローグ3 〝自由〟繚乱

穴山　悌三

◆誰が、何から自由になるのか？

「よろず自由にして、おおかた人に従うという事なし」

徒然草に、万事好き勝手に行動する僧の話がある。イケメンで活力にあふれ、書・学問・弁論など、あらゆることに卓越していた彼は、宗派の法灯とも称されるスーパー・スターだった。人には嫌がられず、あらゆることが許されていたそうだ。吉田兼好は「これは僧の徳が極まっていたからであろうか」と結んでいるが、いかに天分に恵まれていようが、いまの日本ではこうした身勝手な行動は決して許されまい。

西村・戸田・穴山の3人が分担執筆してきた本書も間もなく結びとなる。穴山のまとめに代えて、タイトルである「自由」の意味を論じてみたい。

「自由化（Liberalization）」とは、公的規制が緩和ないし撤廃されて、プレーヤーが規制の束縛から解放される自由（フリーダムないしリバティ）を得ることである。しかし、この定義だけでは規制改革のほんの一面しか捉えていないことになる。電力産業の特質からみて、電気事業のプレーヤーがあらゆる面で規制の制約を受けないということはあり得ない。

わが国の電力規制改革の歴史の中で「全面自由化」や「完全自由化」という言葉がしばしば用いられた。前者は小売自由化の対象範囲がすべての顧客に及んだことを意味するが、電気の品質確保や最終的な供給保障の責務は誰かが必ず負う必要がある。「全面的な自由」という言葉は誤解を生みやすく、後者の「完全」に至っては意味するところも分からない。

元始、電気は実に自由であった。

この一文から分担箇所（第2章）を始めたように、ベンチャー事業として始まった電気事業は、大きな夢を抱いた数多くのプレーヤーが参入して市場で互いに競い合う、自由な競争と淘汰（とうた）の時代から始まっている。

激しい競争の結果として寡占化と企業の消耗が進み、戦時期の国家管理を経て、戦後の民有民営の私企業の活力活用を宗とする一般電気事業者体制に至った。この一連の歴史の過程で、需要家の利益保護、事業の健全な発達という目的を達するために、公的規制と事業体制が整備されてきた。この目的自体は今日においてもなお変わらない。自由化の自由とは、規制からの自由を意味してはいない。

「自由を求めて最も大きな声で騒ぎ立てる人びとは、実は自由な社会に住むと、幸福と一番縁が遠くなる場合が多いようである」（エリック・ホッファー［1951年］、高根正昭訳［2003年］復刊版『大衆運動』38頁）。これはホッファーが大衆運動に身を投じる自由な貧困者を述べたものだが、電力小売自由化をめぐる過去の議論を想起させる指摘である。

小売分野の自由化検討にあたり、最も強調された期待は「需要家選択肢の拡大」であった。小売自由化の本格的な検討が始まった当初は、98年から先行して小売自由化を開始していた米国カリフォルニア州の競争を紹介するパンフレットなどが盛んに参照された。

また16年4月1日からの小売全面自由化の際は、資源エネルギー庁の解説資料などで、料金抑制や事業機会の拡大に先立つ1番目に、選択肢の拡大効果が掲げられている。すなわち、多様な料金メニューや、セット割引などが新たに生まれ、一般家庭でもアフターサービスや料金などによって電力会社の選択が可能になることへの期待が高まっていた。

他方、次のような意見もあった。

「競争の主戦場は、大口や高負荷率の需要家などが対象となる。一般家庭のような小口は手間がかかる割に薄利であり、新規参入は期待できない。むしろ部分自由化の効率化メリットを小口需要家にまで料金還元する方が、効率的かつ需要家に公平な扱いになるのではないか」

いざ全面自由化のふたが開いてみれば、社会のデジタル化の進展などの恩恵もあって、家庭を含む低圧分野の新電力シェアが全国で約2割に達するに至った。ただし地域別にみると差は大きく、また経過措置料金規制が残置されたままではあるが、今のところは幸いにも「幸福に縁遠い」状態には陥っていない。

公益事業意識が高かった自由化前は、ユニバーサル・サービスとしての公平な料金を実現するという狙いがあった。需要家選択肢の拡大は、本来は市場で選ぶ・選ばれるという競争が需給両面で生じることを意味する。自由恋愛が直ちに万人に理想の結婚を保証するわけではないのと同様である。人口・世帯が減少し、都市の選択的再編も進むであろうわが国において、自由を求めた「幸福」の真価が問われるのは、少し先のことかもしれない。

◆自由と責任の制度設計

「自由は責任を意味する。ゆえにたいていの人は自由を恐れる」（バーナード・ショー）。

古今東西にわたって、自由と責任とは本質的に不可分であると捉えられている。

わが国の電力自由化の第１段階は、１９９５年の電気事業法改正による電源調達入札制度の導入、卸託送の活性化、特定供給地点の小売自由化である。当時の潜在的な新規参入者は、電源分野において自家発電や共同火力発電等の経験・知見があり、土地、燃料、関連資産などで範囲の経済性を有する大口需要家でもあったために、電気事業の特質や実態についての深い理解があった。

当時の大口需要家で新規参入を検討していた事業者たちの認識を、電気新聞掲載のインタビュー記事の分析からひもといてみよう。

第一に、自由化へ向かう改革に賛意を示すが、同時にプレーヤーの安定供給責任を強く

(1) 第22876号

電気新聞

県、環境調査に同意

福島第一原子力、広野火力増設

東電、来年度から実施へ

効率化新時代 11

電事法改正と新料金制度への課題

会員の8割強、意欲見せる

●卸発電事業への参入

大口自家発電施設者懇話会理事長
中谷　道彦氏

当時の電気新聞記事。自家発など自由化第１段階の参入者は、元々電気事業の特質を理解していた

自覚しており、責任ある供給主体の電源計画を補完する競争であると考えている。

第二に、参入には範囲の経済性を有する投入要素や技術力を保持する必要があり、地域の規制や合意をクリアした上で、長期事業性判断に基づいて慎重に参入判断する必要があると考えている。このため、自らの現有資産を活用する参入は可能だが量的な限界があり、新規投資については長期的な投資回収や価格変動リスクを考えると困難であると認識している。

第三に、小売事業については、燃料費変動リスクの大きさや供給責任の存在から参入に消極的な姿勢をとっている。

これらは今から25年以上も前の潜在的な新規参入者の見解であるが、自由化の初期段階の参入者は、新たに電気事業のプレーヤーになることの意味や、新たに抱える自由と責任とを強く自覚していたことがよく分かる。

当時の潜在的参入者の見立てに違わず、その後のわが国の電力自由化は本格的な電源間競争とはならずに、小売参入者の「恐れ」をいかに取り除いて参入を促進できるか、すなわち責任をとるべきリスクをいかに低減できるかという観点が重視されてきたように思われる。

自由化の制度設計は、本質的に不可分な「責任」の制度設計に他ならない。小売全面自由化の実施で一段落したようにみえる制度設計だが、まだ重要な宿題は残されている。

電気は、草創期に危険物に対する保安規制の対象となっていたものの、発展過程の自由競争を通じて電力会社が激しく争ったことは既にみた通りである。とりわけ1931年電気事業法改正の契機となった激烈な「電力戦」は各電力会社を疲弊させた。

当時の電力業界は、電力の鬼と称される東邦電力の松永安左エ門が28年に『電力統制私見』を発表するなど、業界統制構想を提唱した。この結果、実質的な地域独占と併せて料金認可制、発送電予定計画の策定と調整、電気事業者間の紛争裁定が実施されるに至ったのである。この議論の過程で、電力会社の国有案や官民合同経営案は反対され、のちに戦後の電気事業再編でも採用される民有民営体制が貫徹されている。

電気事業再編成に関する豊富な研究実績がある橘川武郎は、その論文等において、39年からの戦時国家管理体制を経て、戦後の電気事業再編成に至る過程での、国家管理を継承すべきとの主張や、当時の通産省が地域独占に反対していた等の生々しい史話をありありと伝えている。

こうした紆余曲折を経て成立したのが旧一般電気事業者を主たる供給主体とする事業体制であり、何よりも「私的経営の創意と柔軟性」が期待されていた。地域独占＋公的規制の旧体制は、料金規制や業務規制等に電気事業者が服するが、「地域別私企業分割経営の特色を生かす」べきだという考えである。この意味において、業務遂行のための企業活力は「自由」に主体的に行使されるものであった。

他方、こうした体制を快く思わない考え方も存在していた。例えば国策会社であった旧日本発送電の解体にあたり、「電力ネットワークは公益性に鑑みて国が計画主導すべきものであって、民間企業に委ねるべきものではない。いつの日か必ずやわれわれは復活を遂げるであろう」という趣旨の恨み節もみられる。

64年の旧電気事業法制定から50年以上を経た2020年4月、旧一般電気事業者のネットワーク部門は法的分離され、その計画等は実質的に規制当局が主導する。かつての予言はかない、国は再び「自由」を手にしたが、私企業の活力をいかに有効に引き出しながらそれをどう行使できるか、この先には大きな難問が待ち受けている。

◆一つの商材、多数の選択肢

「自由とは、より良くなるための機会に他ならない」（アルベール・カミュ）。

小売自由化における需要家選択肢の拡大は既に述べたが、意味するところをもう少し考えてみよう。

電気の物理的性質は昔から現代に至るまで変わらないので、サービス財としての品質自体は基本的に同一である。過去には供給信頼度に差をつけることを一種の差別化と考え、マイクログリッド・サービスを付加価値にしようとの構想もあったが、これまでのところ一般の需要に対する商品化にまでは至っていない。

サービス財自体の製品差別化が本質的に困難であることを踏まえると、かつての「電力戦」のように激しい価格競争（料金水準の低下合戦）に陥りがちで、事業者は体力勝負の薄利多売で生き残りを競うことになる。

他方、その料金体系・メニューについては、創意工夫で差別化できる余地がある。ただし必ずしも成功の保証はない。例えば「定額で使い放題」のサブスクリプション・モデルのメニューも可能だが、動画や音楽配信サービスのような限界費用が小さいデジタル財とは異なり、電気の場合は仮に太陽光発電等の再生可能エネルギーであってもその変動性のマネジメントに要する費用までを加味すると、定額制ではリスクに見合う費用分、プレミアムをどうカバーするかが悩ましい。

また、再生可能エネルギー由来の電気である等の「価値」を認識し、それを付加して差別化するという発想は既にメニュー化されている。これは電源選択に関する需要家意向を反映するもので、選択肢の拡大に寄与することは間違いない。

ただし自由化が仮に進んでいなかったとしても、同様のメニュー開発が進んでいた可能性もあるだろう。

２０００年10月１日に財団法人広域関東圏産業活性化センターと東京電力が設立した「グリーン電力基金」は、寄付金を広く需要家から集めて風力発電や太陽光発電施設へ助成するもので、電気料金と一括して１口５００円を寄付する仕組みであった。20年前のこの基金方式は、スマートフォンの普及やデータ連携等が進んだ今日であれば、現代的なファンディングの形態やゲーム的要素などの活用で、実効性の高い仕組みへと発展し得たかもしれない。

サービス財自体がコモディティとして価格水準競争に陥りやすく、価格体系・メニューに関する工夫にも限りがある。電源選択メニューによる差別化等は、トラッキングによるラベリング等が定着すればその範囲においてプレミアムが乗るが、裁定機会等が十分になればそれも商材としての決め手にはならなくなる。とすれば、他にはどのような差別化が可能であろうか。

一つは取引プロセスにおける創意工夫がある。例えば、ある種のポイント・プログラムと連携して、小口の株式投資などへの敷居を低くする方式が広がっているが、電気料金の支払い方法や、他のサービスとのパッケージ化等による利便性の向上や需要家便益の増進が図れれば、一種の差別化も可能になるだろう。

歴史の針を戻してみよう。コンビニエンスストアの店舗では、公共料金をはじめ、各種料金・代金の支払いができる。この「料金収納代行サービス」は、銀行や郵便局の営業時間の問題等から支払いに不便を感じる利用者の声を踏まえて、1987年に東京電力が24時間365日営業のコンビニで支払うという手段を考案し、セブン-イレブンに電気料金の収納代行を依頼したのが最初である。セブン-イレブンでは、翌88年に東京ガス料金、89年に第一生命保険料とNHK放送受信料の継続振り込み、91年にNTT料金、95年に通信販売代金、99年にインターネット・ショッピング代金と、次第にその収納業務の取り扱い範囲を拡大し、今ではどのコンビニ・チェーンであれ、消費者にとってコンビニでの料金支払いは当たり前のこととなった。

今から30年以上前の東京電力は地域独占であった一般電気事業者であるが、新たな支払い方法の開発は需要家の自由を拡大するものであった。

電気の小売ビジネスは、大口向けを中心とするコンサルティング・サービスや、主として小口向けのブランドや他の商材との組み合わせなどを活かした販売などが今後も行われるだろうが、そのブランド力などは必ずしも持続可能とは限らない。

電気自体は機器等への投入財であり、その差異化された使用価値は機器等が創出する。未来においても、この本質は変わらない。

◆失敗する自由

「偉大な企業はすべてを正しく行うが故に失敗する」

これはクレイトン・クリステンセンが１９９７年に『イノベーションのジレンマ』で提起した「破壊的イノベーション」への対応だ。業界の成功企業こそ失敗しがちであるという問題提起は、しばしば「法則」とも呼ばれるなど、大きなインパクトを残している。

ただし、クリステンセンは「実績ある大企業だからダメだ」と決めつけているわけではない。成功している大企業の経営者が破壊的変化に直面した時の対処として、小規模な組織に小さなチャンスを与えることの効果を、事例研究で明らかにしている。イノベーションの成否は、大企業か否かを問わず、また既存企業か新規参入者かでもなく、要は個々の企業の組織と戦略とが大きく影響するのである。

わが国の電力自由化の審議経過において、「破壊的イノベーションを推進するために新規参入と競争とが必要不可欠」との主張が繰り返され、自由化の大きな期待の一つとなっていた。加えて、わが国の電力自由化が目指した姿は、市場支配力を有する旧一般電気事業者のシェアを下げ、多くの新規参入企業等のプレーヤーが、可能な限り完全市場に近い土俵で競争するというものであった。

伝統的な経済学においては、市場における価格メカニズムが有効に機能する条件を整え、プレーヤーの数を増やし、そのそれぞれの行動による影響力を排することが、社会的な経済厚生を高める上では望ましい。

他方、研究開発や技術進歩などを考慮に入れると事情はやや複雑になる。例えば、いわゆるシュンペーター仮説と呼ばれる、「市場集中度が高い企業ほど、また企業規模が大きい企業ほど、研究開発を活発・効率的に行う」という仮説がある。実証分析結果を含めてその妥当性については賛否両論があるが、「市場シェアが高い既存企業はダメだ」という一種の予断だけで政策決定することは、少なくとも適当とは言えまい。

グローバルなエネルギー市場では、規模の大きい有力企業が影響力を持っている。デジタル変容などがさらに進み、産業融合の一層の進展が予想される状況下ではなおのこと、イノベーションの担い手が生まれるような産業像を念頭に置く必要もあるだろう。

「もし誤りを犯す自由が含まれていないなら、自由を有する価値はない」（マハトマ・ガンディー）。

歴史が示す通り、失敗はイノベーションの母である。企業の組織と戦略が成否の鍵だと述べたが、たとえいかにこれらを優れたものに変えようとも、試行錯誤を通じた数多くの失敗が許容されなければ、イノベーションは決して実現できない。

2020年のマット・リドレーの著書『人類とイノベーション』（邦訳版21年、大田直子訳）では、原題の一部に「なぜ自由の下でイノベーションが繁栄するのか」とある通り、人類のイノベーションがいかに自由な失敗の中から生まれてきたかを豊富な事例で説いている。また、イノベーションは傑出した偉人によらず、緩やかな進化的プロセスの帰結であるとも述べている。

だとすれば、伝統的な大企業もイノベーティブな成果に恵まれそうであるが、同書ではあわせて「大企業はイノベーションが下手」で、「政府ほどイノベーションが欠けているものはない」とも述べている。成功の鍵はオープン・イノベーションと失敗の蓄積だ。

翻って電気事業では、失敗は簡単に許されそうにない。その背景事情を歴史的に考えると、戦後の高度成長期や石油危機以降の安定供給意識が当然のこととして常識化している面があろう。昨今では自然災害等も含めたレジリエンスの重要性が注目されるが、中長期的な投資不足懸念等も含めて、エネルギー安定供給が脅かされることは到底許容できないとの考え方が、ひいては失敗全体への不寛容にもつながっていると思われる。

あるいは他人の失敗を殊更にとがめる日本人の傾向もあるだろうか。減点などを恐れる事なかれ主義が世にはびこり、マスコミ報道などでも失敗をあげつらって非難を浴びせる様子はしばしば目にするところである。

前掲書は原子力発電について、規制機関が要求する以上の必要性は高くつくと指摘し、規制の修正に柔軟に対応できない不自由さがイノベーションを不可能にすると喝破する。

電気事業が真に「自由」であるためには、社会的な寛容さも含めて、成功のための失敗を許容していく必要がある。さもなければ、活力ある成長に向けた真の「自由」はあり得ない。

「荒々しい自由の海では、決して波が立たぬことはない」（トーマス・ジェファーソン）。

本書を通じて、電力自由化を中心に、わが国の電気事業の歩みを振り返ってきた。地域独占と公的規制による旧一般電気事業者体制においても、電気事業を取り巻く経営環境や様々な出来事が大きな波となって各ステークホルダーを襲っていた。責任ある供給主体を持たない「自由」の海にこぎ出した現在から未来にかけては、いっそう荒々しい波の挑戦を受け続けることになる。

各プレーヤーの自由と責任とは今後も引き続き再定義される可能性があるし、「エネルギー政策に間違いがあってはならない」と言いつつも、この期に及んでは、時に柔軟な修正が寛容に認められる必要もあるだろう。事業者の失敗への寛容さばかりではなく、規制当局に対しても寛容さが求められる時代である。

人類と火の関わり以来、エネルギーの発明や利用を巡る数々の進歩が蓄積されてきた。かつての石油危機が、今ではカーボン危機とも呼べるような状況となり、経済社会の変容や新たなイノベーションへの期待が高まっている。

足元から近未来に向けて直面する課題は脱炭素社会に向けた取り組みであり、その前提となるのがそれと整合する形での安定供給の完遂である。現在のエネルギー基本計画は、ほぼ確実に達成見込みがある内容、努力目標、そして希望的観測がベースとして混在しているカクテルのようなものである。

未来を正確に予測することは困難であるが、リドレーは「イノベーションのアマラ・ハイプサイクル」として「人は新しいテクノロジーの影響を短期的には過大評価し、長期的には過小評価する傾向がある」という。

これらを着実に実現していけるように、あるいは少なくとも、実務的にこれらを実現していく果敢な試みに水を差したり、無用に足を引っ張ったりしないために、インセンティブが適切に与えられ、企業の主体的な経営活力が存分に発揮できるような制度を、未来に向けて考え続けることが必要だ。

「真実は、人々がそれを追い求める自由を持つときに見いだされるものだ」（フランクリン・ルーズベルト）。

本書は、２０２１年2月12日付から9月30日付にかけて電気新聞に連載した「未来へ紡ぐ電力自由化史」を、加筆、修正のうえ再構成したものです。

【執筆者紹介】

西村　陽（にしむら・きよし）

大阪大学大学院工学研究科招聘教授、公益事業学会政策研究会幹事、関西電力株式会社シニアリサーチャー

1984年関西電力入社。学習院大学経済学部特別客員教授などを経て、2013年より現職。著書に『にっぽん電化史』シリーズ、『まるわかり電力システム改革2020年決定版』（いずれも共編著、日本電気協会新聞部）など。

戸田　直樹（とだ・なおき）

東京電力ホールディングス株式会社　経営技術戦略研究所　経営戦略調査室チーフエコノミスト

1985年東京電力入社。企画部、国際部、外務省経済局派遣、電力中央研究所社会経済研究所派遣（上席研究員）などを経て、2016年より現職。著書に『エネルギー産業の2050年　Utility3.0へのゲームチェンジ』（共著、2017年、日本経済新聞社）『カーボンニュートラル実行戦略：電化と水素、アンモニア』（共著、2021年、エネルギーフォーラム）など。

穴山　悌三（あなやま・ていぞう）

長野県立大学グローバルマネジメント学部教授

1987年東京電力入社。企画部、電気事業連合会企画部、学習院大学経済学部特別客員教授などを経て、2019年より現職。著書に『電力産業の経済学』（2005年、NTT 出版）『公益事業の変容　持続可能性を超えて』（共著、2020年、関西大学出版会）など。

未来《みらい》のための電力《でんりょく》自由化史《じゆうかし》

2021年10月14日　初版第1刷発行

著　者　西村《にしむら》 陽《きよし》、戸田《とだ》 直樹《なおき》、穴山《あなやま》 悌三《ていぞう》
発行者　間庭　正弘
発　行　一般社団法人日本電気協会新聞部
〒100-0006　東京都千代田区有楽町 1-7-1
TEL　03-3211-1555　FAX　03-3212-6155
https://www.denkishimbun.com
印刷所　株式会社太平印刷社

ISBN978-4-905217-95-4　C3233